U0186423

N 文库

就在身边的
自然观察图鉴

身近な自然の観察図鑑

［日］盛口满 / 著

丁丁虫 / 译

贵 州 出 版 集 团
贵州人民出版社

MIJIKANA SHIZENNO KANSATSUZUKAN by Mitsuru Moriguchi

Illustrated by Mitsuru Moriguchi

Copyright © Mitsuru Moriguchi, 2017

Original Japanese edition published by Chikumashobo Ltd.

This Simplified Chinese edition published by arrangement with Chikumashobo Ltd., Tokyo, through Tuttle-Mori Agency, Inc.

Simplified Chinese translation © 2024 by Light Reading Culture Media (Beijing) Co.,Ltd.

All rights reserved.

著作权合同登记号 图字：22-2024-083 号

图书在版编目（CIP）数据

就在身边的自然观察图鉴：盛口满科学散文集 /
（日）盛口满著；丁丁虫译. -- 贵阳：贵州人民出版社，
2024. 10. -- (N 文库). -- ISBN 978-7-221-18516-7

Ⅰ . N49

中国国家版本馆 CIP 数据核字第 20247X3C09 号

JIU ZAI SHENBIAN DE ZIRAN GUANCHA TUJIAN（SHENGKOUMAN KEXUE SANWENJI）

就在身边的自然观察图鉴（盛口满科学散文集）

[日] 盛口满 / 著

丁丁虫 / 译

选题策划	轻读文库	出 版 人	朱文迅
责任编辑	潘 媛	特约编辑	费雅玲

出　版	贵州出版集团　贵州人民出版社
地　址	贵州省贵阳市观山湖区会展东路 SOHO 办公区 A 座
发　行	轻读文化传媒（北京）有限公司
印　刷	天津联城印刷有限公司
版　次	2024 年 10 月第 1 版
印　次	2024 年 10 月第 1 次印刷
开　本	730 毫米 × 940 毫米　1/32
印　张	7.5
字　数	117 千字
书　号	ISBN 978-7-221-18516-7
定　价	30.00 元

关注轻读

客服咨询

目录

写在前面·自然观察的邀请函

大学毕业以来，我一直担任科学课程的老师。毕业后我走上社会的第一个工作单位，就是埼玉县的一所私立初高中一贯制学校。后来我移居冲绳，成为自由学校[1]的讲师，目前在冲绳岛那霸市的一所小型私立大学做教员。回想起来，我在教师的岗位上已经工作了30年，初中生、高中生、大学生都教过。虽然教学的对象时有不同，但授课一直很辛苦。

"为什么非要学科学？"

该怎么回答学生这样的疑问，这个问题一直萦绕在我的脑海里。

我从小就喜欢生物，所以只要是与生物和自然有关的东西，就算没有人告诉我，我也会自己调查，丝毫不觉得是一件苦事。我就这样长大，最终成为一名科学教师，但并非所有人都是这样。我知道，既有像你们这样现在拿起这本书来阅读的人，也有你们身边从学生时代就喜欢科学的人，但同样也有不喜欢科学的人。

其实世界上还有从来没有学过科学的人，我教过的夜校初中生就是这样。

1　自由学校：有些孩子出于某些原因不愿或不能去常规学校就读，自由学校就是代替常规学校让这些孩子读书学习的场所。（如无特殊说明，文中脚注均为译注）

有段时间，我曾在那霸市的一所夜校初中教课。冲绳经历过激烈的地面战，有过化为焦土的历史。所以在战中战后的混乱期，不少人都没有接受过完善的义务教育。有位学生曾经这样说过："等了60年，终于可以上学了。"那个班级的学生平均年龄超过70岁，但所有人都非常用功。在夜校初中的课堂上，没有人会问诸如"为什么要学习"的问题。

在就读夜校初中的学生中，有的人几乎没上过小学，当然更没有上过一次科学课。对于从没有上过科学课的、年逾七旬的学生来说，究竟应该给他上什么样的科学课呢？

我思来想去，决定在第一堂课上烧一份土豆炖肉。

为什么要在科学课上烧土豆炖肉？

科学课的重要主题之一，是化学变化。化学变化的特征是"变成与原来完全不同的东西，而且很难恢复原状"。实际上，大部分烹饪都是在利用化学变化。生土豆加热烹饪后，味道和口感都会发生变化，肉也一样。而且经过加热烹饪的土豆和肉，冷却之后也不会回到生的状态。所以我一边在讲台的电磁炉上做土豆炖肉，一边说，"各位每天所做的烹饪，就是科学"。

本书以自然观察为主题，但我觉得，自然观察与这个夜校科学课的小故事差不多，其实不用太严肃，只要在日常生活中引入一点不同的观察角度就可以了。

我现在是大学教师，负责科学教育。但即使在听我课的学生中，也有越来越多的人讨厌科学、远离自然。一个来自城市的学生曾告诉我，他几乎不知道任何生物的名字，"草就是草，虫子当中只认识知了、蟑螂、蚂蚁"。和这些讨厌科学、远离自然的学生聊天，我开始思考该怎样让他们和她们亲近自然？所以对于我而言，"身边的自然是什么"就成了重要的主题。

所谓"身边的自然"，到底在哪里呢？在本书中，我想带着这个问题寻找身边的自然。

在现代社会，大部分人都生活在城市环境里，而这种环境乍看起来似乎与自然无缘。另外，就算生活在所谓的乡村地区，许多人在日常生活中也会与自然保持距离，因而从某种意义上说，和生活在城市里的人没有什么区别。从这一角度出发，我想，既然本书是以"身边的自然观察"为主题，那么不妨关注在日常经过的上学、通勤路线中是否可以发现自然，如果可以，我们又能做什么样的自然观察。

另外，家门口的公园里会有什么样的自然呢？再换个角度去看，家里、阳台、小院，都是可以进行自然观察的场所。其实，我们每天吃进肚子里的食材，也可以用作自然观察。

这本书希望帮助读者更主动地观察自然，以身边的自然为对象，逐渐拓展到城市近郊的郊野山林……

我会在本书中介绍对身边的自然的观察，并向各位读者推荐自然观察。不过最根本的问题是，为什么要做自然观察？

回到夜校的话题。

为什么夜校的学生已经年过七旬了，还是会每天来上学？

夜校学生的回答很简单，但我认为，那是触及本质的回答。

"学习让我遇到新的自己。"

我想，人这种生物，无论是谁、无论多大，都能从学习中获得快乐。

"为什么学习？"

"因为那会遇到新的自己。"

我脑海中回荡着这段对话，想借由本书向大家介绍观看和享受自然——也就是自然观察——的方法。

◆ 自然观察的工具

说到自然观察的工具，你会想到什么样的东西？这当然取决于观察对象。比方说，如果要观鸟，望远镜必不可少；如果想要更仔细地观察，有观鸟镜会很方便……但是，如果问起："自然观察最基础的工具是什么？"我的回答是，"笔、本子、塑料袋"。

有时候，自然观察具有明确的目的，比如"今天去某处看某种鸟"。但在日常生活的不经意间，也会遇到"哎呀，这个好有趣"，情不自禁做观察的瞬间。为了应对这种情况，我总会在腰包里装上前面说的三件套，再加上数码相机和放大镜。它们作为观察用的基本工具，每天被我挎在身上。

自然观察的三件套之一，本子，只要是小到可以装进口袋或者腰包里的就行。不过，自然观察是一生的爱好，你难免会积攒很多的本子。为了整理方便，最好都用同一型号的本子。我从初中三年级开始记录观察笔记，大学期间改用的测量本（国誉的SE-Y3型）至今都很喜欢。这种本子的优点是封面较硬，即使在没有衬底的野外也方便使用（目前用到了第371本）。

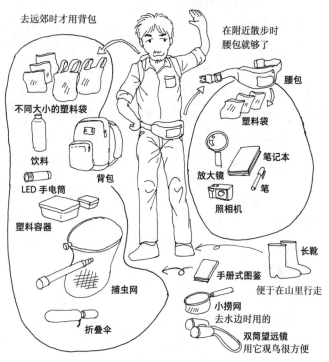

基本不需要太多工具

去远郊时才用背包

在附近散步时
腰包就够了

不同大小的塑料袋

腰包

塑料袋

饮料

笔记本

背包

放大镜

笔

LED 手电筒

照相机

塑料容器

长靴

捕虫网

手册式图鉴

便于在山里行走

小捞网
去水边时用的

折叠伞

双筒望远镜
用它观鸟很方便

自然观察工具图鉴[2]

2　文中插图均为作者盛口满手绘。（编注）

Chapter
01
路边

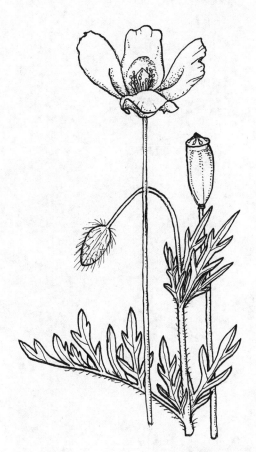

罂粟

1. 杂草观察

上班路上的生物?

不管是谁，小时候应该都有过走路上学的经历。

路上看到过什么呢？胡同、空房、田头、闹市……每个人大约都有自己记忆中的上学路风景吧。

那么，走在上学路上的时候，有没有与生物接触的经历？

我在千叶的乡村里长大，去小学需要步行差不多20分钟。我记得自己在上学路上遇到过各种各样的生物，但记忆不是非常深刻，大概是秋天走在路上，用伞把路边的石蒜花花茎铲倒之类的。

后来上了初中、高中，我开始骑自行车到距离更远的学校上学，再加上社团活动，经常要到太阳落山才能回家，上学路也就变成了单纯连接家和学校的路线。

长大以后，上学路变成了上下班的路线。

我现在住在那霸市区，从家到任教的大学，步行大约30分钟。这条上班路线位于住宅区，周围都是民宅。从小学毕业直到现在，我才重新开始走路上班。每天走在城市的环境里，我常常沉浸在自己的思绪中，不太注意周围的情况，只顾埋头一个劲儿地往前走。但即使在这样的上班路上，也有各种各样的生物。换句话说，我们完全能在上班途中以那些生物为对象进行自然观察。那么，上班路上究竟能看到哪些生物呢？

有人可能每天都过着两点一线的生活。走出家门、乘坐首班公交车、到站换电车、换地铁、下地铁，然后步行3分钟到公司。

但即使是这样的上班路线，也不至于完全接触不到生物。比方说，不管什么样的街道，路边总会生长杂草，只是通常情况下我们并不会注意到它们。

作为自然观察的第一步，我想在本章中向大家介绍身边的杂草。

观察城市里的杂草

我参加过《重新观察东京银座》的书籍企划项目，负责介绍银座有哪些生物。众所周知，银座可以说是闹市中的闹市。我趁着黄金周高峰期去银座寻找生物。果然，银座也有杂草。

我花了一天时间，在银座找到了许多杂草，如下页表1所示。可见，即使是最繁华的市中心，也会长草。

然而，仅通过简单地列举名字，你大概还是不会关心脚边的杂草。植物——尤其是杂草，虽然就在我们身边，是与我们的生活息息相关的生物，但同时也是非常不起眼的存在。说实话，我猜肯定会有人说："杂草有什么意思呀！"

表1 银座的杂草

树下的杂草	早熟禾、稻槎菜、艾草、酢浆草、苏门白酒草、鱼腥草、繁缕
公园的杂草	问荆、球序卷耳、绞股蓝、柔弱酢浆草、东南茜草、西洋蒲公英、荠菜、苦苣菜、漆姑草、繁缕、鸡屎藤、博落回、看麦娘、鼠曲草、酢浆草、春飞蓬等

※树下指行道树下土地裸露的地方

大学毕业后，我去了埼玉县的一所私立完全中学做科学老师。我任教的学校被杂木林包围，校风独特，积极地鼓励老师在课堂上发挥主动性。我在那所学校教书时，给初一新生准备的第一堂课，主题是"油炸野草天妇罗"。

初中生并不知道杂草是什么，就算对他们说去观察身边的植物，他们也不知道该怎么做。所以我给学生们布置了这样一个课题："你们到校园里去，随便找各种草，只要你们觉得它可以吃，就把它采过来。如果真的能吃，我们就把它做成天妇罗，油炸了吃。"然后我准备了炉子和油锅，在校园一角摆开了阵势。

接到这个"课题"的初中生们，一下子跳了起来。

"这个能吃吗？"

学生们纷纷拿着草跑到我这里。

"这个不行。"

"这个能吃。"

我对学生拿来的草进行鉴定，扔掉不能吃的草，把能吃的草清洗干净，沾上天妇罗粉，放到油里炸。

"能吃？不能吃？"——只要抛出这么一个简单的问题，脚边的杂草就突然很有存在感了。

寻找能吃的草

每年春天，报纸上都会刊登人们把毒草误当野菜食用的案例。

所以在用前面那种方式上课时，一定要准确地识别学生们拿过来的植物（近年还需要注意放射性污染）。学生们一个个拿过来的草，我可以当场做出判断，这让他们惊讶不已（我想大概还有一点小小的尊敬），但需要坦白的是，我在上那堂课的时候，其实并不知道学生拿来的所有植物的名称。

什么草能吃，什么草不能吃，可以根据它们所属的类群（科），做出初步的判断。也就是说，如果某种草属于含有毒草的类群，那就扔掉。相反，如果它所属的整个类群都不含毒草，那么即使不知道草的确切物种，也可以放心品尝。

让我们重新看看刚才的银座杂草列表（见第5页表

1)。我在银座一共找到了28种杂草，大部分都列在这张表里，其中包含了曾经在初中课堂上做成天妇罗食用的杂草，你知道它们都是哪些吗？

西洋蒲公英、春飞蓬、艾草、稻槎菜……杂草列表中的这些都曾被做成天妇罗给学生吃。其中，艾草还被用于制作青团，所以吃起来应该没有任何顾虑。你可能也听说过吃蒲公英。在课堂上，学生们还把蒲公英的花做成天妇罗吃（大家都说很好吃！）。需要注意的是，西洋蒲公英、春飞蓬、艾草、稻槎菜，都是同一科的植物，它们都属于菊科。菊科的草都可以被安全地做成天妇罗。

相反，罂粟科的植物很多都有毒，不能做成天妇罗。在银座的杂草列表中，博落回就是罂粟科的草。另外还有刻叶紫堇，也属于罂粟科。虽然在银座没有找到它，但在郊外，它也是很常见的杂草。还有原产于地中海的罂粟科归化植物长荚罂粟，近年来的分布范围也大为扩张。你很可能在身边看到过它。

2．蒲公英

观察蒲公英的花

菊科植物不仅可以食用，而且种类很多，在杂草中也是占据优势的类群。在银座发现的28种杂草中，四分之一都是菊科植物。接下来，让我们选取蒲公英这种代表性的菊科植物，进行更深入的观察。

如果你在路边或者空地上看到盛开的蒲公英，不妨摘一朵看看。

观察杂草有一点很方便：它们就在身边，而且可以摘下来观察。有些自然区域，比如天然纪念物[1]或者国家公园那样的地方，会出于保护的目的而限制游客接触。然而，能够亲手触摸、有时还能通过品尝来亲身感受的自然，也是很宝贵的。

所以，你有没有摘过身边的蒲公英的花，把它抓在手中仔细观察？拿在手里的时候，你会注意到哪些特征？

怎样观察蒲公英的花？第一步当然是动手。野外的环境不方便仔细观察，所以我们要转移到室内，并

1　日本所称"天然纪念物"（包括生物活化石），是指对国家或地方有很高学术价值的动植物（包括栖息地、产地）和重要的地质矿物，由国家或地方公共团体指定。（编注）

且需要有张桌子。接下来，取一张纸铺在桌子上，同时注意室内有没有风。如果有风，它可能会给观察带来麻烦，让我们不得不重新开始。

现在请看手里的蒲公英，你会看到很多花瓣状的东西。其实那不是花瓣，它们的每一片都是一朵花。许多小花聚集在一起，呈现出一朵花的样子。这不仅是蒲公英的特点，也是菊科植物共同的特征。菊科这种许多小花（专业术语叫作"无柄小花"）聚集在一起形成"花的集合"的特征，专业术语叫作"头状花序"。

现在让我们来数一数手里蒲公英的头状花序到底有多少花。在实际数之前，可以先猜一猜有多少花，然后看看自己猜的数字和实际数出来的结果是不是相近。

在埼玉县的初中课堂上，我也解剖过蒲公英的花。为了不让拆下来的花到处乱飞，我用透明胶带将它们10枚一组粘在纸上。如果手指不方便处理，也可以用镊子。那么，结果如何呢？在初中课堂上，每个班平均数出来131枚小花。你数出来的数量是比这个数小，还是比它大？

这样动过手，你就会比以前更留意蒲公英的"花"。而一旦注意到蒲公英的"花"，你就会发现有些蒲公英的"花"似乎长得有点不一样。那是变种蒲公英。

在埼玉县的学校附近，我每年都会发现俗称的

"妖怪蒲公英"。它的花茎比普通的蒲公英粗好几倍，头状花序也比普通的蒲公英大好几倍。不过再怎么大，也不至于大到像同属于菊科的向日葵那么大。它的花茎之所以比普通的蒲公英粗好几倍，主要是因为横向变宽了，头状花序也是沿着横向变长（从上面俯瞰头状花序，会发现它呈毛虫状）。我也数过妖怪蒲公英的花，有一个品种的花茎有22毫米粗，头状花序上足有1157枚小花。

其实我还发现过更大的妖怪蒲公英，不过因为实在太大，我没去数它的花。蒲公英小花数量的吉尼斯纪录是多少呢？想要挑战的人，在发现妖怪蒲公英的时候，不妨数一下小花的数量。这种花茎与头状花序的巨型化现象，叫作带化畸形。除了蒲公英，其他许多植物也有表现。带化畸形有很多原因，不知道埼玉学校周围的蒲公英是什么原因。

刚才说过，像蒲公英这样的头状花序，是菊科植物的特征。有机会的话，不妨把其他菊科植物的头状花序也拆下来看看。比如号称"春之野菜"的蜂斗菜[2]，也是菊科的植物，所以它也有头状花序，由许多小花聚集而成。有些菊科植物，构成头状花序的小花

2　蜂斗菜的日文名是"拭きの薹（フキノトウ）"。"拭き"的意思是擦拭，因为这种草的叶子宽大柔软，早年日本人喜欢用它擦屁股，因而得名；"薹"指的是头状花序。所以整个日文名的意思是"擦屁股的草上长出的花"。

会承担不同的任务。蜂斗菜就是这样。它的雄株和雌株所开的"花"是不同的。

如果找到了蜂斗菜，不妨把它的头状花序拆开来，参考书里的示意图，辨认它到底是雌是雄。

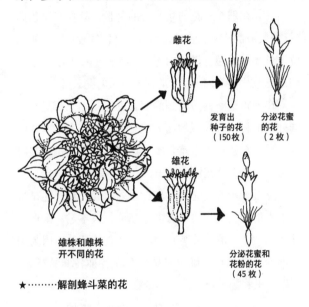

雌花

发育出
种子的花
（150枚）

分泌花蜜
的花
（2枚）

雄花

雄株和雌株
开不同的花

分泌花蜜和
花粉的花
（45枚）

★………解剖蜂斗菜的花

分辨蒲公英的种类

前面我们一直在说蒲公英，但观察它们的"花"就会发现，蒲公英其实也有不同的种类。

许多人都知道，蒲公英中包括日本自古就有的蒲公英（本地物种），和来自国外的蒲公英（外来物种）。要区分两者，最简单的办法就是辨认它们的"花"。

让我们再来看看蒲公英的"花"（准确地说，是花茎和其顶端的头状花序）。看上去像是黄色花瓣的东西其实是花，这一点，我们前面已经通过自己的手和眼睛确认过了。在那组"花的集合"的外侧，覆盖着绿色的"花萼"般的东西，它的专业术语叫"总苞片"。如果位于外侧的总苞片翘起向下，就是来自国外的蒲公英。如果总苞片全都向上，就是日本本土的蒲公英。

在城市道路两边看到的蒲公英，基本上都是来自国外的品种。你发现的蒲公英是哪种呢？不过有些时候，单靠总苞片也很难判断，这时候就需要再观察同一株蒲公英上"花"的样子。

更进一步说，无论是来自国外的蒲公英，还是日本本土的蒲公英，也都有多个品种。只不过，来自国外（欧洲原产）的蒲公英，很难判断它的品种。因为关于如何区分品种、确定名称，存在各种各样的意见，所以本书将国外产的蒲公英统称为"西洋蒲公英"。

另一方面，日本本土的蒲公英共有15种。关东地区能看到的本土蒲公英，主要是关东蒲公英[3]。此外，在本土蒲公英中，还有开白色花的白花蒲公英。

另外，近年来在城市里经常可以看到一种花茎更长的草，它的头状花序和蒲公英很相似，但一根花茎

3　即宽果蒲公英，学名*Taraxacum platycarpum*。（编注）

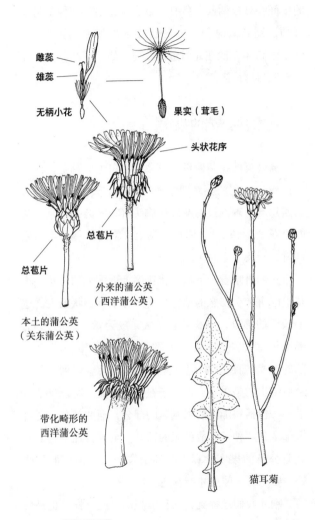

雌蕊

雄蕊

无柄小花

果实（茸毛）

头状花序

总苞片

总苞片

外来的蒲公英
（西洋蒲公英）

本土的蒲公英
（关东蒲公英）

带化畸形的
西洋蒲公英

猫耳菊

★·········蒲公英图鉴

13

的中间会分成两股，各有一个头状花序。这种草叫猫耳菊，别名假蒲公英。它也是外来物种，原产于欧洲，1933年首次在北海道被发现，如今广泛分布在九州至北海道地区。

观察蒲公英的果实

蒲公英的花凋谢以后，会长出白色的茸毛。许多人都曾折下它的茎，把那些茸毛吹上天空。在这里，请回想一下解剖过的花。构成头状花序的是一朵一朵的小花（无柄小花），所以，飞上天空的这些茸毛，原本就是一朵一朵的花。

我们再来看一下从头状花序上拆下来的小花。小花根部有一个膨胀的地方，其上方生有刷状的毛。这个长毛的部分，不久就会变大，成为承载风的茸毛。那么根部呢？通常我们习惯性地认为，长在茸毛根部的就是"种子"。但再仔细想想就会意识到，花开之后结出的是果实，而种子在果实里面。所以整个茸毛——包括软绵绵的承载风的部分、柄的部分，还有根部像是"种子"般膨胀的部分，全部合在一起，才是蒲公英的果实。真正的种子位于茸毛根部的膨胀处，要剥开一层皮才能看到。

刚才我们还提到，向日葵和蒲公英一样，也是菊科植物。向日葵的"花"（头状花序）凋谢后，会长出许多"种子"（和宠物店里销售的仓鼠食物是同一类东西）。也就是说，这个向日葵的"种子"，严格来说其实是向日葵的"果实"。喂给仓鼠的时候，仓鼠会把硬壳剥掉，吃里面的部分。这个硬壳属于果实，仓鼠食用的部分才是种子。

所以说，和其他植物的果实相比，菊科的果实有点特立独行。另外，蒲公英和向日葵虽然都属于菊科，但两种植物的果实形态有很大的区别。蒲公英的果实（茸毛）更适合风力传播，向日葵的果实更适合动物食用，它们都适应于各自的传播方式。

在身边的杂草中，还有哪些菊科植物像蒲公英一样具有茸毛呢？或者身边有没有其他的不长茸毛的菊科杂草呢？你不妨对比菊科植物的果实，也许会有很有趣的发现。

研究蒲公英的汁液

折断蒲公英花茎的时候，你有没有注意到断口处流出的白色汁液？那种汁液一旦沾到衣服上则很难清理。而且不仅蒲公英有那样的白色汁液，同属于菊科的苦苣菜、翅果菊等杂草，也有白色的汁液。

那种白色的汁液到底是什么？

这种汁液叫作乳液（latex）。菊科中也有不分泌乳液的植物，菊科之外还有会分泌乳液的植物。不同的

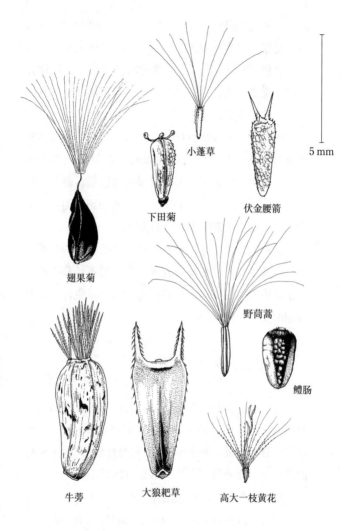

小蓬草

下田菊

伏金腰箭

5 mm

翅果菊

野茼蒿

鳢肠

牛蒡

大狼耙草

高大一枝黄花

★⋯⋯⋯菊科的果实图鉴

植物，乳液中含有的成分各不相同。有些植物的乳液中含有橡胶成分，著名的大戟科植物橡胶树就是能采集天然橡胶的植物之一。橡胶树原产于热带，所以热带地区建立了许多橡胶园，用于采集橡胶。

顺便说一句，当年苏联曾经探索过能分泌天然橡胶并且能在寒冷地区栽培的植物，最终发现了橡胶草。它和蒲公英一样，都是菊科蒲公英属的植物。

我没有见过橡胶草的实物，不过听到这件事的时候，我闪过一个想法：如果橡胶草能生产橡胶，那么路边的蒲公英是不是也能提取橡胶？

我不知道用哪种方法合适，所以决定先随便试一试。我折下许多蒲公英的花茎，把断口处流出的乳液涂在显微镜用的载玻片上，一边让水分蒸发，一边把新折断的蒲公英乳液涂上去，方法非常简单。

可想而知，这样只能收集到很少的乳液。一个多小时的工作成果，只是载玻片上一小坨鼻屎大小的东西。一开始我考虑过用它做橡皮筋，然而这东西虽然有弹性，但用手一拉就会扯碎。天然橡胶在制成产品的时候也需要加工，所以要用它制作橡皮筋，估计还要进行某种处理。

于是我决定拿它尝试另一种用途，也就是当橡皮。我用铅笔写了几个字，然后拿这个蒲公英橡皮擦了擦，哎呀，擦掉了。虽然不算很干净，但完全可以当橡皮用。由此可以确定，蒲公英的乳液里确实含有橡胶成分。你们如果在路边或者空地上找到了许多蒲公英，能凑出足够的分量，不妨试一试（上班路上就不要试了……）。

你看，即使是一朵蒲公英，也可以对它进行各种观察。像用乳液制作橡皮这样的方式，与其说是观察，其实更像是在玩。观察路边杂草的好处就在于可以边玩边观察，所以，在上班路看到杂草，你可以对它进行一些有趣的观察。

什么是杂草？

除了蒲公英，还有许多其他的杂草可以观察。不过在这里，我们先来思考一下到底什么是杂草。弄清楚这个问题，有助于我们进行更加深入的观察。

杂草这个词通常会让人产生不好的印象，比如"随意生长的碍事的草""对农作物有害的草"，等等。

那么，到底什么样的植物才算是杂草？

其实，不同的人对杂草的定义是不一样的。我比较了各种杂草的定义，感觉最贴切的是"在人类构建的环境中擅自生长的草"。不管是生长在路边的草，还是生长在田里的草，只要是擅自生长出来的，都可以算是杂草。

与之相对，农作物指的是生长在田地等人类精心打理的地方，由人类种植、收获和管理的植物。如果只看定义的话，农作物和杂草之间，似乎有着很大的区别。

但实际上，农作物与杂草具有深厚的渊源。原京都大学教授阪本宁男是民族植物学家，也是谷物的研究者。他认为，"所有农作物的诞生，全都经历过杂草阶段"。

这到底是什么意思？让我们来解释一下。

人类曾经历过漫长的狩猎采集生活，直到大约一万年前，才开始农耕生活。不妨想象一下农耕生活开始时的景象。

开始农耕之前，人类首先需要过上定居生活。

一旦开始定居生活，人类自然会清理周围的环境。比方说，如果住处周围长满了树，那么人类会砍伐树木，清理出空地。另外，由于人类会排泄、丢垃圾，所以人类活动范围里的土壤中的营养会比别处更丰富。而人类收获的作为粮食的植物种子，还有衣服和行李夹带的种子，都会不经意间落在这样的地方。当然，也有人特意种植的各种植物的种子，还有被风送来的种子。慢慢地，出现了在人类构建的环境中生长的植物。

看到这些适应了人类环境的草，人类自然会在其中发现一些"有用"的种类，也就是能吃的、能提取纤维的草，等等。这些有用的草，会被人类安置在特殊的场所生长，享受"VIP"待遇。而且，在持续栽培的过程中，更有用的品种会受到关注，并且被特意挑选出来。经过这样的干涉，农作物便慢慢诞生了。

另一方面，对人类来说"没用"的植物，被丢在一边不管不问，自然就成了杂草。有些杂草混进田地里，当然会妨碍农作物的生长，于是被人类清理掉。在这种残酷的淘汰下还能存活下来的杂草，都具有自己独特的本领，比如"拔掉以后还能留下根系""赶在被拔之前撒下种子""伪装成农作物生存下去"，等等。这些在人类的干涉下诞生的植物，都是杂草中的"杂草"，也就是所谓的"耕地杂草"。

总而言之，一切农作物，原本都是在人类构建的环境中擅自生长的草。换句话说，农作物都起源于杂草。草如果被丢在一边不管不问，就会变成今天的杂草；如果它被人类选出来享受"VIP"待遇，就是今天的农作物。杂草其实是农作物的兄弟。

所以我们可以说，无论是从前还是今天，杂草都包含了农作物的祖先、与农作物关系深厚的物种，以及未能成为农作物的物种。

用这样不同于以往的崭新视角来看待杂草，是进行自然观察时的重要诀窍。只要换个视角，上班路的路边和空地就会变成巨大的"玩具箱"，里面装满了各种"履历"丰富的杂草。

3. 狗尾草

分辨各种逗猫草

夏秋两季，即使在城市街道的路边，也会看到逗猫草的身影。

狗尾草在日本也被称为逗猫草，包含了形态相似的大狗尾草、金色狗尾草等各种植物。在我生活的冲绳，路边经常能看到倒刺狗尾草，在海岸边还能看到狗尾草的小型化品种厚穗狗尾草。此外我也在耕地的角落里发现过醒目的大型狗尾草，它叫作巨大狗尾草。

拔一根结穗的狗尾草看看吧。你会发现，虽然结穗的茎很细，但它像稻秆和麦秸一样坚硬牢固。

蒲公英是菊科植物，而狗尾草都是禾本科植物。与其他科的植物相比，禾本科植物的茎更为坚韧，所以人们专门用"秸"这个词来称呼。它的穗上还长着许多像毛一样的东西，正式名称叫刺毛。

不过，同属于禾本科的水稻，穗上的毛不叫刺毛，而叫芒，外观是像毛一样的突起。目前栽培的水稻上几乎看不到芒，但作为水稻祖先的野生品种还是具有长长的芒（我看到的品种，长度甚至有1厘米）。因为芒在野生品种中很发达，而在栽培品种中退化了，所以可以推测，刺毛和芒有利于禾本科植物的野外存活，即具有防止种子被吃的功能（有些禾本科植物的芒还有助于种子的散播）。

狗尾草的穗上有许多小颗粒，成熟后会散落下来，所以到了深秋时节，狗尾草通常只剩下光秃秃的秸和穗。这种小颗粒就是种子，不过更准确地说，果实将种子包在里面，外侧则被名为"颖"的壳状物包裹。

接下来，让我们来分辨一下上班路上常见的狗尾草到底有哪些种类（表2）。

表2 狗尾草的检索表

```
穗粗糙,相互粘连 → 倒刺狗尾草
穗不粗糙
↳ 刺毛短,穗整体偏黄色 → 金色狗尾草
↳ 刺毛长
  ↳ 粒大型(3毫米)→ 大狗尾草
  ↳ 粒小型(2毫米)→ 狗尾草
    ↳ 生长在海岸边,整体及穗都为小型 → 厚穗狗尾草
    ↳ 生长在耕地周围,整体及穗为大型 → 巨大狗尾草
```

狗尾草的"历史"

禾本科植物在杂草中以种类繁多、名字难以确定而著称。

日本杂草学会的主页列举了多达877种的日本产

杂草。其中种类最多的就是禾本科，共计139种，往下依次是菊科117种、莎草科55种、豆科46种，它们都是杂草种类较多的类群。全世界的被子植物约有27万种，其中禾本科有9500种，所以禾本科植物在被子植物整体中所占的比例为3.5%。相比之下，菊科占8.5%。从物种占据植物整体的比例来说，菊科要比禾本科多。然而在日本的877种杂草中，禾本科所占的比例是16%，菊科的比例是13%，和前面的数据相反。所以可以说，禾本科是比菊科更容易杂草化的类群。

禾本科是当之无愧的杂草之王。在禾本科植物中，狗尾草尤为常见，而且也很容易与其他禾本科植物区分。这就是为什么我们要在蒲公英之后接着观察狗尾草。

除此之外，还有一个原因。

那就是，狗尾草是粟（小米）这种农作物的祖先。前面说过，杂草和农作物其实是兄弟，而狗尾草就是验证这一点的理想对象。

这些年人们不太吃粟米了，但在以前，它可是重要的农作物。

据说，在中国古代的农业典籍《齐民要术》中有这样的记载：种植粟的时候，如果每年都不换地方，就会长出狗尾草，减少收成。[4] 超市里出售袋装的脱壳

4　　疑为《齐民要术·卷一·种谷第三》："谷田必须岁易。䄷子，则莠多而收薄矣。"

狗尾草

金色狗尾草   厚穗狗尾草   大狗尾草   倒刺狗尾草

★‥‥‥‥狗尾草图鉴

粟米,但你见过长在穗上的粟吗?其实,宠物店里会卖带穗的粟,它被用于喂鸟,你不妨买一点,拿来和狗尾草做个对比。

与狗尾草相比,粟的穗长得惊人,简直令人难以相信它们是同一类。但根据前面提到的《齐民要术》的记载,有时候粟会出现返祖现象,恢复成狗尾草。

一般来说,中国黄河沿岸地区被认为是粟的原产地(不过也有不同意见)。关于粟,有一项很有意思的研究,就是培育狗尾草,研究其收获量。用火烧出50平方米的土地,然后撒下狗尾草的种子,接下来不做定期浇水之类的维护照料,只要坐等收获就行。撒下的种子采集自1377根穗,收获的则是21000根穗,也就是约15.25倍的收获量。

粟的诞生应该有好几个阶段,包括野生狗尾草的利用、狗尾草的栽培、筛选出适合栽培的个体,等等。换句话说,必然先有一个收获狗尾草并食用的阶段,才会有粟的栽培化。

试吃狗尾草

接下来,让我们亲自体验收获狗尾草,并实际吃吃看吧(当然还是要注意放射性污染)。

这里再介绍一种自然观察所必需的工具,那就是塑料袋。收获狗尾草时,大的塑料袋很有作用。

从狗尾草到粟的栽培化过程中，植物的特性发生了很大的变化。粟的谷粒是一起成熟的，而且成熟之后也不会从穗上脱落（非脱粒性），这让收获变得非常轻松。

但狗尾草作为杂草，谷粒的成熟时间参差不齐，而且成熟的谷粒会脱落，所以收获起来很麻烦。靠路边的狗尾草，估计收获不了足够试吃的量。如果目的是吃，那就需要找到一大片生长狗尾草的草地，以便获得足够的量（可选地点有住宅建设预定地、废弃的农田等）。如果能找到那样的地方，接下来就要判断穗有没有成熟。然后一只手拿塑料袋，将其套在狗尾草的穗上，用另一只手从上往下撸穗，让谷粒掉在塑料袋里。实际操作时会发现，这样的行为非常低效，很多谷粒并不会掉进袋子里。所以还可以尝试另一种方法，就是把伞撑开，铺在狗尾草丛下面，拍打上面的穗（我感觉这种方法的效率可能更高一些）。但说实话，即使用这种方法，要想收集到足够吃饱肚子的量，也很不容易。不知道古人在采集野生狗尾草时，到底是怎么做的。

接下来，将收获的狗尾草一点点放在研钵里去颖。用研磨棒捣上一阵，再用力吹，谷粒上脱落的颖壳就会被吹走。重复这一过程，直到把所有谷粒的颖壳都去掉为止，然后加上足量的水一起煮，就能做出类似粥一样的东西。趁热吃，味道还不错，完全可以食用。有机会的话大家也不妨一试。在尝试的时候，记录一下花费了多少时间，采集了多少的数量，收获量在脱颖后减少了多少（可食部分占多少比例），也很有趣。

除了狗尾草，我们也能在路边或收获后的田地里看到群生的原变种稗。它是稗的祖先，同样也可以被采集和烹饪。还有空地上的牛筋草，是穇的近缘植物。穇同样是杂粮之一，所以牛筋草也能被采集试吃。其实好几种杂草都和谷物具有近亲关系，寻找谷物的亲属也很有趣。

在查询禾本科杂草的名称时，难免会遇到困难。作为面向初学者的禾本科植物图鉴，我推荐《禾本科手册》这本书（木场英久等著，文一综合出版）。此外，作为杂草的全面指南，我想推荐《新·杂草博士入门》（岩濑彻等著，全国农村教育协会）。

现在你知道了吧，就算是生长在路边的杂草，只要换一个视角、换一个处理方法，就会变得非常有趣。

好了，让我们继续城市里的探险吧。

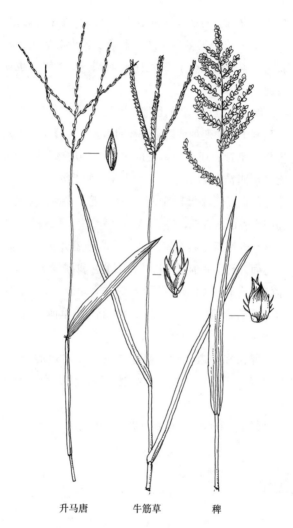

升马唐　　　　牛筋草　　　　稗

★⋯⋯⋯禾本科杂草图鉴

Chapter
02
城市里

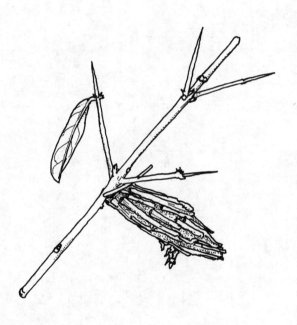

粘在
石榴枝上的
茶蓑蛾的
蓑衣

1. 蓑衣虫

观察蓑衣虫

本章介绍能在城市里看到的虫和鸟。

究竟该观察哪些虫和鸟，又该怎样观察？让我们从具体的例子开始。

我平时的上班路上，有一个十字路口。出了家门，在第一个路口左转，然后顺着街道一直往前走，这就是我平时的上班路线。

但是有一天，我在路口左转之后，又向右转了。因为这一天是休息日，不用去大学。但我只有两三个小时的空闲，不够我去更远的地方。所以我就利用这点时间，在略微偏离上班路线的地方散步。

于是我发现，在平日上班路线对面的人行道上，居然有种在大花坛里的石榴树。哪怕是每天都走的上班路，转个方向就会发现完全陌生的东西。我发现了石榴树，不过如果仅此而已，那么看一眼就结束了，我也会很快忘记自己见过石榴树。但是，我发现石榴树的树枝上粘着蓑衣虫的蓑衣，再仔细一看，那上面还粘着不少蓑衣。于是我立刻决定观察蓑衣虫。

蓑衣虫大家应该都很熟悉。不过，因为有人问过我"蓑衣虫的一生都是虫的样子吗？"，所以我推测还是有人不太了解蓑衣虫。蓑衣虫是蓑蛾的幼虫，也就是说，蓑衣虫最终会变成蛹，进而羽化成有翅的成虫。

蓑衣虫也有很多种类。一般来说，需要查看成虫的形态，才能确定正确的名称，不过幼虫制作的蓑衣也有自己的特征。有些代表性的种类，仅看蓑衣也能辨认出来。至于我看到的粘在石榴树上的蓑衣，表面贴着许多被咬过的小枝，蓑衣的大小在2.5到3.5毫米左右——制作这种蓑衣的是茶蓑蛾的幼虫。

再仔细看，我又发现粘在树枝上的蓑衣有两种类型：一种紧紧贴在枝条上，另一种垂在枝条下。一般来说，听到蓑衣虫这个名字，大家想到的大概都是后者。

蓑衣虫背着蓑衣四处活动，吃各种植物的叶子。垂在枝条下面的蓑衣，就是蓑衣虫饱食叶片、临时休息的状态。另一种则是幼虫蛹化时将蓑衣紧紧地贴在枝条上。我看到的石榴树，枝条上紧紧贴了许多蓑衣。如果打开这些蓑衣，会看到里面的蓑衣虫的蛹吗？如果把它拿回家放一段时间，会不会看到蓑衣虫的成虫呢？于是我决定把蓑衣从枝条上剥下来带回去。正因为有这样的"邂逅"，所以哪怕是出门散步，塑料袋也是必需品。

多亏这场"邂逅"，我开始注意石榴树和蓑衣虫，结果在住处附近散步了约一个小时，共发现四株石榴树（没有这样的"邂逅"，我也不会数住处附近有多少石榴树）。不过其余三株都没有蓑衣虫。第一株石榴树上粘了那么多的蓑衣虫，似乎完全是"巧合"。

蓑衣里面有什么？

回到家，我开始研究被装在塑料袋里拿回来的蓑衣虫，看看蓑衣里面有什么。蓑衣出乎意料地结实，于是我用剪刀从侧面小心地剪开蓑衣，同时注意避免伤到里面的东西。

首先，里面有蛹壳。这是雌性蓑衣虫的蛹壳。为什么单看蛹壳就能知道是雌是雄？这里有一个诀窍。虽然不是说所有蓑蛾都是如此，但至少对于茶蓑蛾来说，由蛹羽化的雌性成虫不会钻出蓑衣，当然也不会钻出蛹壳。它的一生都在蛹壳里度过。茶蓑蛾的雌性成虫不仅没有翅膀，也没有肢体，连头都不成形，整个身体几乎都被巨大的腹部占据，而腹部里装满了卵。至于雄性成虫，即将羽化的时候，会从蓑衣的后端爬出，羽化成有翅的成虫，然后飞去寻找不能飞的雌性成虫交尾。也就是说，雄性成虫的蛹壳，会从蓑衣探出一半。另外，能变成有翅成虫的雄性，与幼虫形的雌性相比，蛹的形状也不同。

与有翅雄性交尾的雌性，是会直接在蛹壳中产卵的（相应地，自己的身体也会缩小）。不过我在石榴树上发

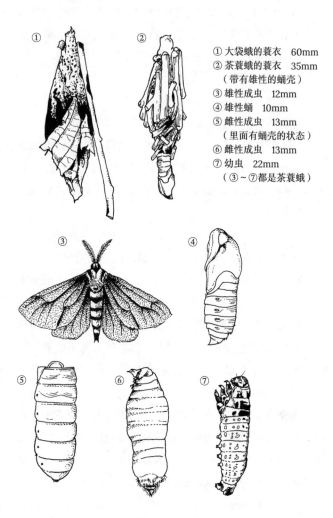

①大袋蛾的蓑衣　60mm
②茶蓑蛾的蓑衣　35mm
　（带有雄性的蛹壳）
③雄性成虫　12mm
④雄性蛹　10mm
⑤雌性成虫　13mm
　（里面有蛹壳的状态）
⑥雌性成虫　13mm
⑦幼虫　22mm
　（③～⑦都是茶蓑蛾）

★………蓑衣虫图鉴

现的蓑衣的蛹壳中并没有卵，好像已经孵化过了。也就是说，粘在枝条上的蓑衣，是很久以前被留下的。

我发现紧粘在石榴树枝条上的蓑衣中，有九个里面是雌性的蛹壳，有一个里面伸出了雄性的蛹壳，还有两个里面是空的（可能是雄性羽化后的蛹壳掉了）。

仔细观察拿回家的蓑衣，我还发现有一个蓑衣表面粘着另一个5毫米左右的小蓑衣，那可能是从固定在枝条上的雌虫蓑衣中诞生的孩子。雌性蓑衣虫不会飞，所以从卵中孵化出来的小小幼虫用丝挂在枝条下面，随风四散。不过，这棵石榴树上似乎有不少幼虫并没有离母亲很远，就开始了自己的生活。所以当我在散步时看到这棵石榴树的时候，我发觉似乎可以跟踪茶蓑蛾的生活史。从那时起，我就经常去看那棵石榴树。

让我感到有趣的是，我在石榴树上找到的不仅有带蛹壳的大蓑衣、刚刚诞生不久的小幼虫所制造的蓑衣，还有与带蛹壳的蓑衣同样尺寸（25毫米）的、从枝条上垂下来的蓑衣。我往蓑衣里面一看，发现里面有一只体长15毫米的幼虫。为什么会有不同成长期的幼虫呢？如果我经常观察石榴树，能解开这个谜团吗？自然观察并不是每次都能当场弄明白各种问题的。有些时候，在当天的观察中没能弄明白的事情，也许会在某一天与别处的某些事情产生关联。之所以需要笔记本，就是为了给这"某一天"做好准备。

一个小时的散步，加上散步后研究蓑衣里面的东西，花了我两个多小时。

通过这次邂逅，我又想到了一些有趣的事。对我来说，自然观察就是这样开始的，并且它会逐渐与其他事物联系起来。

自然就在我们身边。只是我们平时没有注意而已。

我一直用这句话做我的座右铭。换句话说，自然观察最需要的其实是一双独特的眼睛。它能够让我们发现自然其实一直就在我们身边。

2. 毛虫

未知的发现

这一天，我碰巧注意到了蓑衣虫，不过这种碰巧的背后其实也有原因。换句话说，这一天的"碰巧"，是因为我具有某种视角，才会注意到蓑衣虫。

在上一章中，我介绍了可以在城市中观察到的杂草。同样地，在城市中也可以观察到虫子。

如果能在每天上下班的时间里进行自然观察，上下班会变得更加愉快，还能每天抽出时间观察自然，可谓一箭双雕。对我来说的契机，就是有一天突然意识到："对了，上班路上也能观察这种虫子！"

这种虫子，你知道是什么吗？

上班路上会遇到蚂蚁。但如果在上班路上蹲下来看蚂蚁，大概会给经过的路人造成麻烦。所以适合在上班路上进行自然观察的虫子，不仅应该能在城市里看到，还要能在上班路上被短时间观察。我想到的满足这些条件的正是毛虫——也就是蝴蝶与蛾的幼虫。所以简单来说，我在上班路上进行自然观察的视角之一，就是观察毛虫。之所以会注意到蓑衣虫，正是因为这个视角的延伸。

城市算是由混凝土和沥青构成的建筑群，但也同样生长着杂草，此外还有种植的行道树，以及住家庭院里的绿植。城市里并不乏能利用这些植物的昆虫的身影。毛虫是食草性的昆虫，恰好满足这个条件。

顺便说一句，在开始上班路上的自然观察之前，我本来对毛虫没有什么兴趣，甚至可以说讨厌。我对蝴蝶和蜻蜓没有兴趣，小时候喜欢的昆虫也是身体坚硬的、像独角仙这样的甲虫。毛虫这种身体柔软的虫子，说实话我连摸都不敢摸。

但是，只要留心观察就会发现，即使在城市里的上班路上，也会遇到相当多的毛虫。毛虫体形足够大，即使我们走在路上也能看到。只不过因为我本来对它们不感兴趣，所以不知道看到的毛虫叫什么名字，这激发了我的好奇心。

原以为早已熟悉的日常中忽然出现未知的事物，而发现未知的领域，正是自然观察的起点。

为什么叫不出毛虫的名字？

我在路上发现了毛虫，可是叫不出它们的名字。这到底是为什么？

这个问题好像很莫名其妙。叫不出名字不是"理所当然"的吗？但是在我看来，这个问题恰恰隐藏着毛虫的有趣之处。

之所以叫不出毛虫的名字，当然是因为它们与成虫的蝴蝶或蛾子的形态完全不同。以菜粉蝶的例子来说，如果你在卷心菜田里看到菜粉蝶成虫飞来飞去，又在卷心菜上看到虫卵、毛虫或者虫蛹，那么自然会比较容易地认识到它们是菜粉蝶这种昆虫生长过程中的各个阶段。然而我经常遇到的情况是，某一天在路边只看到了毛虫，它们就像是突然"冒出来"似的。在这样的情况下，要想搞清楚毛虫的真实身份，要么是拿上毛虫的专业图鉴对照名字，要么是把毛虫带回家饲养，等它长成成虫再查找名字。

现在暂且不管毛虫的名字，先想想为什么会出现这样的现象。

为什么毛虫会突然"冒出来"？当我思考这个问题时，我再次意识到"蝴蝶与蛾子有翅膀"也是一件看似"理所当然"的事。

在这里，我想特别强调很重要的一点："理所当然"这个词，是本书的关键词。

重新审视自以为"理所当然"的事情。

问问自己，你以为的"理所当然"，是不是真的"理所当然"？

有些时候，你会惊讶地发现，本以为"理所当然"的事其实并不"理所当然"。

我想把上面三句话命名为"理所当然"的三阶段。这种"理所当然"的三阶段，正是促使我们以全新的视角看待自然、观察自然的契机。

让我们回到前面的话题。城市是缺乏自然的环境，虫子所能利用的资源非常有限。城市不像森林，没有到处生长的繁茂的树木。而且城市环境还在不断被人类改变。昨天还是草原的地方，今天开始就被挖掘、建造大楼，这种情况并不少见。但只要有了翅膀，就可以寻找条件合适的时机或者地方，暂时性地利用资源。生有翅膀、具备移动能力的虫子可以采用这种聪明的办法，利用存在于城市中的自然资源。

不过，蝴蝶和蛾子的移动能力也存在差异。比如蓑衣虫，由于雌性成虫没有翅膀，小小的幼虫只能乘风而行，无法一下子移动很远的距离。十字路口那棵石榴树上的蓑衣虫，可能是随着石榴树的苗木一起移动到路口的。另一方面，其他雌性成虫有翅膀的蛾子和蝴蝶，可以长距离移动，选择适合产卵的植物产下自己的卵。不过这并不是说所有的蝴蝶和蛾子都会长距离移动。喜欢森林环境的蝴蝶和蛾子有较强的定居倾向，相反，喜欢草原、森林边缘、村庄、城市等开阔场所的蝴蝶和蛾子，则更容易长距离移动。此外在某些情况下，台风等气候因素也会导致物种迁移到通常不会出现的地方。

这里需要注意的是，不是所有的蝴蝶和蛾子都会利用城市地区。那么，到底哪些蝴蝶和蛾子会经常利用城市地区呢？

寻找天蛾的幼虫

以观察毛虫为例，让我们来看看我在目前居住的那霸市中找到的毛虫。

在那霸市区观察时，我发现天蛾的幼虫很常见。天蛾是大型飞蛾，飞翔能力很强，可以进行长距离的移动。因为成虫具有夜行性，所以不太容易被看到，不过幼虫倒是很容易被发现。天蛾幼虫所利用的植物中，很多都是草本和藤本植物。也就是说，天蛾经常利用的是生长在市区开阔环境中的植物。天蛾成虫不做长距离飞行，只在周边飞翔，在开放环境中寻找可供幼虫使用的草木，产下自己的卵。可以说，天蛾是适应了城市生活的昆虫。更值得庆幸的是，天蛾幼虫具有明显的特征。它们不仅体形相对较大，而且尾部还长有细长的角状突起。只要发现这样的特征，即使分辨不出具体的品种，也能一眼看出它是天蛾科的成员。

自从开始观察毛虫，我发现了新领域。我不仅开始关注毛虫本身，也开始关注毛虫所吃的植物（称为寄主植物）。

我在上班路上注意到了毛虫，想知道毛虫的名字，同时开始关注毛虫的寄主植物是什么，随后又关注起上班路上哪里有这样的寄主植物，于是又注意到上班路上不同地点的寄主植物上也有毛虫……连锁反

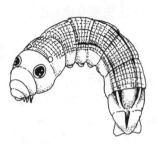

银条斜线天蛾

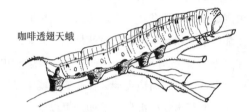

咖啡透翅天蛾

芋双线天蛾

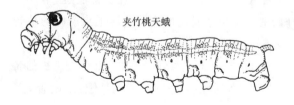

夹竹桃天蛾

★‧‧‧‧‧‧‧‧天蛾的幼虫图鉴

应就是这样开始的。

还是先具体介绍一下我在上班路上看到的天蛾幼虫吧。

公寓楼旁边的花坛里种了各种各样的花草，其中有栀子花。有一天上班途中，我忽然发现栀子花的叶子有被啃咬过的痕迹，再仔细一看，发现了咖啡透翅天蛾的幼虫。天蛾科的成虫很多是夜行性的，但咖啡透翅天蛾是少见的昼行性天蛾。此外，蝴蝶和蛾的翅膀上通常有鳞粉，但咖啡透翅天蛾在羽化时鳞粉会脱落，变成透明的翅膀。这种昼行性天蛾有长长的口器，它会盘旋在花朵上方，伸出长长的口器吸食花蜜。我在埼玉县当老师时，好几次学生都把看到的咖啡透翅天蛾错当成蜂鸟。这种咖啡透翅天蛾的幼虫体色为绿色，不太容易被注意到。其实这种观察方法不限于咖啡透翅天蛾，在观察毛虫的时候，我们也要养成这样的习惯：首先观察寄主植物，然后注意植物叶子上有没有被啃咬过的痕迹，并且检查植物下面有没有毛虫的粪便。

如果发现花坛里的苏丹凤仙花叶子被咬了，那就是芋双线天蛾的幼虫干的。芋双线天蛾的成虫具有天蛾的典型特征。天蛾成虫停下来不动时，形态与有些三角翼战斗机相似。实际上，蛾子的身体本来就比蝴蝶粗大，而天蛾的身体在蛾子中就很大。它具有巨大的胸部，也就是强壮的飞行肌，可以高速和长距离地飞行。

芋双线天蛾成虫的色彩并不鲜艳，但这种蛾子的幼虫在小的时候具有很独特的花纹。它的身体漆黑，每个体节上都有红色或黄色的眼状纹（顺便说一句，幼虫也有眼睛，但不像成虫那么大，需要仔细观察头部，才能注意到点状分布的小小单眼）。许多毛虫的身体都具有类似眼睛的花纹，这可能是为了恫吓天敌，而眼状纹的颜色和配置等，也是区分毛虫种类的关键。芋双线天蛾的幼虫不仅吃苏丹凤仙花，还以其他各种植物为食。在日本本土，城市里的常见植物乌蔹莓上也很容易看到芋双线天蛾的幼虫。

那霸市区，在我上班的路边原本引入了夹竹桃科的长春花作为园艺植物，现在它已经杂草化了。长春花的粉红色花朵非常美丽，但同时也很顽强，甚至能从柏油马路的缝隙间生长出来。在这种长春花上生活的是夹竹桃天蛾的幼虫。夹竹桃天蛾正如其名，是以剧毒的夹竹桃叶片为食的毛虫，它在小的时候也很难被发现，只有长成终龄[1]的大型幼虫，把长春花叶子吃光以后，人们才会注意到它的存在。

夹竹桃天蛾可以说是那霸市区能见到的天蛾幼虫的代表。它不仅经常能在街头被看到，外形还很独特——绿色的身体，胸部有着明显的眼状纹，中心白

1　幼虫期的最后阶段，已为成熟状态，并准备化蛹。（编注）

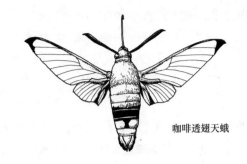

咖啡透翅天蛾

甘薯天蛾

银条斜线天蛾

★⋯⋯⋯城市里的天蛾图鉴

色，周边蓝色，非常美丽（我因为对毛虫很着迷，所以有这样的感觉。在讨厌毛虫的人看来，可能会觉得它非常可怕吧）。

饲养毛虫

上班路的尽头是我工作的大学。大学位于住宅区，面积小，几乎没什么绿地。也就是说，大学校园和上班路上的自然环境基本上没差别。尽管如此，我在校园里也遇到过不同的天蛾幼虫。

"有只又长又细的大虫子"。有一天，在理科实验室准备实验的学生发出了这样的叫声。我过去一看，只见实验室门外有只大大的毛虫在爬，身体呈褐色，尾部有一个长长的突起。它显然是天蛾的幼虫，不过当时我还不知道具体的物种。

这只天蛾幼虫不在植物上，而是在地上爬。应该是吃够了植物，准备来到地上蛹化吧。于是我把它带回去，等它羽化成成虫，应该就能知道它是哪种天蛾了。

毛虫之所以适合作为上班路上的自然观察对象，是因为毛虫的体形足够大，走在路上也能被看到。另外，即使是不认识的毛虫，我们也可以把它连同植物一起带回家饲养，让它长成成虫。

在这里简单介绍一下毛虫的饲养方法。

前面写过，外出时一定要随身携带塑料袋，一旦发现毛虫，就可以把它和寄主植物一起装进塑料袋里。经常有人问："把毛虫装在塑料袋里，毛虫不会闷死吗？"其实，半天左右的时间，虫子不至于窒息，不过记得要把塑料袋鼓起来再扎口，避免路上的磕碰弄伤毛虫的身体。另外，如果遇到下雨等天气，要注意寄主植物是不是潮湿。如果将潮湿的植物和毛虫一起装进塑料袋，当温度较高的时候，水分会蒸发成水蒸气，导致毛虫死亡。

带回来的毛虫，可以放进市面上销售的塑料饲养箱里饲养。至于寄主植物，可以在竖立的小玻璃瓶里装上水，把植物插在里面，瓶口用棉花塞紧。这样可以保证植物在一段时间里不枯萎。不过要注意的是，如果植物太大，瓶子可能会翻倒。在这种情况下，要把植物的断口处用含水的棉花或纸巾包起来，再裹上塑料袋，用橡皮筋扎口，放到饲养箱底部。天蛾的终龄幼虫体形很大，吃植物的速度也超乎想象，所以饲养它们的时候，要先找到哪里有寄主植物生长。如果需要采集新的寄主植物，可以把植物密封在塑料袋里，放进冰箱的蔬菜室保管。幼龄毛虫则可以与植物的叶子一起放在布丁杯里饲养，很方便。

毛虫长到足够大，就会变成蛹。到这个阶段，毛虫不再进食，开始四处爬行。另外，毛虫的体色会发生变化。绿色的夹竹桃天蛾幼虫在蛹化前夕会变得乌黑，连我也曾经被吓了一跳。这种状态下的毛虫，只要往饲养箱里放土，毛虫就会钻进土里蛹化，甚至你把报纸撕碎代替泥土放进去，它也可以蛹化。在理科实验室前发现的毛虫也是这样蛹化的。再过一段时间，毛虫就会成功羽化（看到成虫的形态，我认出它是吃芋头叶的银条斜线天蛾）。

通过这种方式，在城市里也能看到各种各样的天蛾幼虫。

观察夹竹桃天蛾

在上班路上进行自然观察有一个优势，那就是每天经过的都是同样的地点，因而可以进行持续的观察和记录。

来看看我的夹竹桃天蛾幼虫观察记录吧。这是我三年间在上班路上所做的记录。观察方法非常简单：走在上班路上，注意路边的长春花，特别是观察有没有虫粪。如果有虫粪，就停下来仔细察看长春花，检查有没有幼虫。如果找到了幼虫，就把时间和地点记录在田野记录本上。和塑料袋一样，田野记录本也是我每天出门时必然携带的随身物品。

观察结果是这样的：在那霸市，初夏时节就能看到夹竹桃天蛾的幼虫，直到当年年底或者翌年一二月份，还能看到最后的幼虫。这里介绍一下首次看到前者的日期，和最终看到后者的日期（见下页表3）。

表3 夹竹桃天蛾的首次发现日和最终发现日

	首次发现日	最终发现日
2008年	9月6日	翌年2月2日
2009年	7月24日	同年12月12日
2010年	6月8日	同年11月16日

※ 但在2009年，实际出现日很可能早于首次发现日

从这份记录中首先可以看出，在那霸市，从六七月到年末及翌年年初，都能看到幼虫。有些昆虫具有所谓"一年一化"的生活史，被叫作一化性昆虫。也就是说，幼虫在每年初春发育，经过蛹和成虫阶段，直到第二年初春人们才能看到新的幼虫。而夹竹桃天蛾却不一样。从初夏到冬季，人们都能看到它的幼虫，这叫作多化性（一年中会多次繁殖）昆虫。另一方面，从记录中也可以看出，一月到六月的半年间都见不到夹竹桃天蛾的幼虫。在持续性观察中非常重要的一点是，这种"没有看见"的情况也需要被认真记录。

在这份持续性的观察记录中最有趣的发现是，夹竹桃天蛾似乎并没有在那霸定居，这一点稍后再说明。总之，根据饲养结果，也能发现夹竹桃天蛾的蛹并不会休眠。

对于生活在日本这种温带地区的生物而言，如何

Chapter 02 城市里

越冬是一个重要的问题。不同的昆虫会分别选择在卵、幼虫、蛹、成虫等阶段越冬，每种昆虫都具有在特定阶段休眠越冬的机制。但是，起源于热带的昆虫不具有休眠的机制，因为热带没有冬季。以身边的例子来说，室内常见的蟑螂中，像黑胸大蠊、德国小蠊这类城市主流的蟑螂都是外来物种，没有休眠特性，因此在寒冷地区，它们无法在野外越冬。而日本本土的日本大蠊，作为一种会潜入室内的蟑螂物种，如果你仔细寻找的话，能在杂木林的枯松树皮下等地方找到它以幼虫姿态越冬的身影。

注意自然的变化

现在让我们来看看夹竹桃天蛾幼虫从成蛹，经过几天蛹化，到最后羽化的记录（表4）。

表4 夹竹桃天蛾的蛹化日与蛹期

	蛹化日	蛹期
A	9月11日	11天
B	9月28日	15天
C	11月21日	15天
D	2月9日	24天

根据这份记录我们可以发现，在寒冷时期蛹化的幼虫，到羽化为止所需的时间会变长。让我们拿它和丁香天蛾的蛹期比较一下。丁香天蛾与夹竹桃天蛾一样，都是能在那霸市区看到的天蛾。丁香天蛾在11月17日蛹化，3月10日才最终羽化，足足花了113天。这是因为丁香天蛾会在蛹的阶段休眠越冬。相比之下，即使在冬天，夹竹桃天蛾的蛹期也不会变长，可见它并不具备越冬休眠的机制。并且还可以由此推测，在冬季到初夏的这段时间里，我们之所以看不到夹竹桃天蛾的幼虫，是因为城市里没有任何一个阶段的夹竹桃天蛾（因为如果有幼虫的话，应该能在植物上看到；如果土里有蛹的话，由于夹竹桃天蛾不会休眠，所以很快就会羽化，而羽化的成虫也会在长春花上产卵，那么也应该能看见幼虫）。

至于观察结果有什么含义，则需要结合关于该种昆虫的文献进行考察。

网上可以获得各种信息。不过我认为，要想获取更准确的信息，不能依赖网络，而要去寻找书本和杂志所写的内容。这时候，检索CiNii科学文献的网站（http://cir.nii.ac.jp）非常有用[2]。但杂志上刊载的论文、报告等，未必能在网上读到正文，这就需要我们去图书馆申请复印。不管今天的网络有多发达，寻找文献始终都很花时间，非常辛苦。

2　国内可登录中国知网（https://www.cnki.net/）进行文献搜索，部分图书馆提供免费的论文下载服务。（编注）

查阅文献可知，夹竹桃天蛾产于热带，分布在非洲、东南亚和印度等地。因为它是热带起源的天蛾，所以不休眠。有报告称，在最低温度低于10摄氏度的情况下，它的大部分蛹都会死亡，或至少无法顺利羽化为成虫。而有趣的是，以前的冲绳并没有夹竹桃天蛾的身影。1960年日本国内的奄美大岛才首次记录到夹竹桃天蛾，而自1976年以后，冲绳本岛几乎每年都有记录。1980年，它又在九州的鹿儿岛县被发现。1998年，本州的和歌山与静冈也发现了夹竹桃天蛾的幼虫。顺便说一句，我于2010年10月27日在家乡千叶县馆山市民宅的夹竹桃上发现的幼虫，是关东地区的首次记录。

★⋯⋯⋯夹竹桃天蛾

最终，根据上班路上自然观察的结果，我明白了夹竹桃天蛾很可能并没有常年栖息在那霸市，而是每年从远方渡海而来，暂时性地在那霸繁殖。

作为观察者的我停留在城市里的固定地点，昆虫却越过大海，千里迢迢来到我身边。看到街头的毛虫，我想，所谓的自然正像规律性起伏的海潮。前面说过，哪怕自然就在身边，我们常常也不会注意它。但与此同时，自然也不总是在我们身边，它同样具有流动性。正因如此，自然观察不仅可以获得对自己而言崭新的发现，也有可能看到真正意义上的、谁都未曾发现过的新事实。

观察毛虫的乐趣在于自己饲养毛虫直到羽化，弄清它到底是哪种蝴蝶或蛾的幼虫。而在饲养的过程中，如果你的手边有《毛虫手册》（安田守著，文一综合出版）这样一本毛虫专业图鉴，将会非常方便。

你们不妨也在上班路上、上学路上，找找看街头巷尾的天蛾幼虫吧。

3. 鸟类观察

那霸没有乌鸦！

有一次，我去大学附近的中学给初一学生上课。

我对住在城市里的中学生到底怎样看待自然很好奇，所以问学生："上一周，你们在上学路上看到过什么生物？"

学生的回答令我印象深刻。

"狗、猫、鸽子、蟑螂、草。"

其中"草"这个回答尤其令我深思，这说明学生们知道植物也是生物。与此同时，我也发现，学生们将路边的杂草统称为"草"。这让我再次意识到，生物即使就在身边，我们也未必注意到它。当然，上学路上遇到的虫子绝不只有蟑螂。正如我在观察毛虫的例子中介绍的那样，市区里同样也可以看到各种各样的虫子，只不过学生们并没有关注它们。

但我不能取笑这些学生。因为我自己也没有对身边的所有生物投以同等的关注。比如说，我对鸟类就没什么兴趣。回想起来，我虽然会在上班途中关注杂草和毛虫，却没怎么关注过鸟类。

说回初中生。学生们在列举自己上学路上看到的鸟类时，举了鸽子为例。为什么没有提乌鸦，而说了鸽子？³有没有人对此感到奇怪呢？

实际上，那霸市几乎没有乌鸦，所以学生们举例的鸟类不是乌鸦，而是鸽子。如果是东京或大阪的中学生，大概会同时提到乌鸦和鸽子吧。

什么样的鸟算"普通"？

但是，"那霸没有乌鸦"的说法可能已经是过去时了。我在16年前移居到那霸，那时候那霸的确没有乌鸦，但最近开始我也逐渐看到乌鸦了（顺便说一句，冲绳岛北部的森林地带，原本就栖息着大嘴乌鸦）。就在不久前，我还在住处附近听过乌鸦的叫声，才想到要留下记录，于是便开始记录自己在上下班途中看到的鸟类。实际开始记录之后我又发现，仅仅在上班路上就能遇到许多鸟类。当然，尽管在城市里能看到的鸟类种类终究有限，但对于像我这样的初学者，这也是很难得的好处，因为我不太可能遇到完全不认识的鸟。开始记录之后，我发现每天记录到的鸟类种类和数量都有变化。最重要的是，原本纯感性的印象，可以通过确切的数据表示出来（见下页表5）。

从这个观察结果来看，中学生们举出鸽子的例子完全理所当然，不过他们说的鸽子其实

3　日本街头的乌鸦远比鸽子常见，因而作者才会提出这样的问题。

表5 那霸上班路上看到的鸟类（共27天）

种类	出现天数	出现频率	看到的数量
山斑鸠	26天	96.3%	138只
日本绣眼鸟	25天	92.6%	66只
栗耳短脚鹎	24天	88.9%	92只
蓝矶鸫	21天	77.8%	52只
白头鹎	15天	55.6%	29只
洋燕	7天	25.9%	15只
大嘴乌鸦	7天	25.9%	8只
原鸽	6天	22.2%	14只
日本松雀鹰	3天	11.1%	3只
白鹭	1天	3.7%	2只
麻雀	1天	3.7%	1只

是山斑鸠。此外，有时我也能看到乌鸦的身影（不过目击到的似乎总是同一对，或者是这对中的一只）。还有一点是我做了这份记录之后才发现的：在那霸的上班路上，几乎看不到麻雀。

我在去东京的时候，以自己上班所需的30分钟时间为基准，在池袋的街头走了走，观察鸟类，果然看到了乌鸦和麻雀。从这一点上看，虽然都是城市，但那霸很特殊。

①日本绣眼鸟 ②山斑鸠 ③蓝矶鸫
④大嘴乌鸦 ⑤栗耳短脚鹎

★·········**城市里的鸟类图鉴（那霸）**

　　　　　　　　　　　　　Chapter 02 城市里

不过，真的是那霸"特殊"、东京"普通"吗？

我问过乌鸦研究者松原始先生。从世界范围来说，在城市里经常看到乌鸦绝对不"普通"。虽然我还没机会去国外，但如果将来出去旅行，我也想看看在城市里看到乌鸦的机会到底有多少。

在你们的城市里，如果你在街头走上三十分钟，会看到什么样的鸟呢？也许你会惊讶地发现，每座城市都有所不同。只要用心观察就会意识到，不仅鸟类如此，就连街头可见的杂草、昆虫都有每座城市自己的"个性"。一旦你开始关注这样的事情，无论是上班、上学，还是外出散步，走在路上一定会感到非常有趣。

自然总在我们身边。只是我们没有注意到身边的自然。

我们身边的"理所当然"，并不一定真的是"理所当然"。

在这里，我想再次强调这一点。

到目前为止，我们介绍了上班路上和城市街头观察身边的自然的具体方法。

下一章，我们将去公园看看。在城市中，公园能找到更多生物。也许我们同样可以发现本以为"理所当然"，实际上并不"理所当然"的东西。

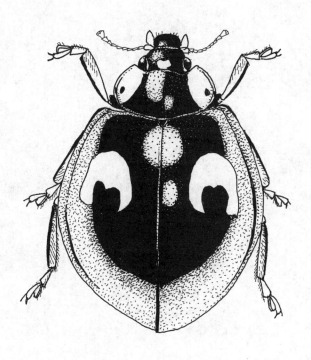

异色瓢虫

1. 知了

冲绳没有斑透翅蝉

本章将以公园为舞台，主要介绍各种昆虫，同时也介绍昆虫与植物的关系。

公园有许多种：开阔的草坪公园、具有各种游乐设施的公园、有树林的公园、有池塘的公园……不过无论哪种公园，我想都会种许多树。到了夏天，就会看到孩子们拿着捕虫网捕捉树上知了的身影吧。顺便说一下，我们在上一章中强调过，身边的"理所当然"，其实并不一定真的是"理所当然"。那么，在身边的公园里看到的知了隐藏着哪些并不"理所当然"的地方呢？

如果问冲绳的孩子们知了的叫声是什么样的，基本上会获得"咪——、咪——"的回答。当我第一次注意到这点时，我相当吃惊。这是因为，冲绳并没有斑透翅蝉。明明没有这种知了，为什么它会被当作冲绳知了叫声的代表？我想这大概还是受了电视的影响吧。实际上，在那霸街头能听到的知了叫声中，日本熊蝉占压倒性的优势，那是"嘎——、嘎——"的声音。

不过，我夏天去位于池袋的丈母娘家，从早上起就能听到"咪——、咪——"的知了叫声。所以在不同的地区、城市里听到的知了叫声，虽然"理所当然"，但其实不同。当年大阪市立大学的沼田英治和大阪自然史博物馆的初宿成彦对这种叫声做了更明确的分类，他们的研究成果已经集结成《生活在城市里的知了》一书，详细内容可以参考。

寻找知了壳

说到沼田和初宿的研究，最有趣的地方在于他们采用了一种谁都能做的方法：调查知了壳。

翻看手头的图鉴（《田野版·知了与它的伙伴图鉴》），得知日本共有35种知了。不过其中能在城市里看到的种类并没有那么多。在城市里能见的主要有日本熊蝉、油蝉（在冲绳，琉球油蝉代替了油蝉）、蟪蛄、寒蝉、蟪蝉、斑透翅蝉等。

众所周知，知了的幼虫会钻进土里，吸附树根，吸食树汁生长。成熟后的幼虫会爬出地面，蜕皮后变成成虫。至于幼虫蜕下的壳，大家应该都见过。不同种类的知了壳具有不同的特征，因此，调查知了壳，就能知道调查地区里出现了哪些种类的知了，各自的数量又是多少。

沼田和初宿采用的方法是行走75分钟，将找到的知了壳全部收集起来，区分种类并加以统计。

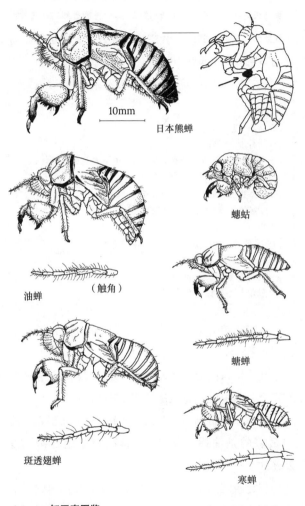

10mm

日本熊蝉

蟪蛄

油蝉　　　（触角）

蟪蝉

斑透翅蝉

寒蝉

★………知了壳图鉴

在做某种比较时，我们首先需要确定单位（在街头观察鸟类的时候，我是以上班所需的30分钟能看到的鸟的种类与数量作为观察的基准）。我想，这种方法大家也很容易学习（如果觉得75分钟时间太长，也可以定为30分钟）。

表6 城市里看到的知了壳（蝉蜕）检索表

小型

圆而小（常常有泥）→ **螳蛄**

长而纤细 → **寒蝉**

※不过，螗蝉的蝉蜕也很相似。城市里不太能见到螗蝉，一般只能在山脚下的公园等处发现。

  寒蝉 → **触角第4节比第3节短**

  螗蝉 → **触角第4节比第3节长**

大型

坚固，胸部正中的腹面有突起 → **日本熊蝉**

比日本熊蝉细，腹面没有突起

┣触角上毛很多 → **油蝉**

┗触角上毛不多 → **斑透翅蝉**

下面引用《生活在城市里的知了》中介绍的若干结果：

在大阪市内的长居公园，75分钟找到总计995个知了壳，其中99%以上都是日本熊蝉。

在东京的台场海滨公园，找到310个知了壳，其中最多的是油蝉，占74%；其次是斑透翅蝉，占25%。

仅比较这两个例子，就会发现城市公园里的知了壳有很大的不同。其他地区的公园又是什么情况呢？

各位不妨首先从自己身边的公园开始，通过知了壳分辨知了的种类。

2. 瓢虫

瓢虫是什么虫?

瓢虫也是城市公园里常见的昆虫。而且就连讨厌虫子的学生，也能接受瓢虫"又美丽、又可爱"。

暂且不说喜欢还是讨厌，至少没人不认识瓢虫吧。那么，瓢虫背上到底有几个点呢?

七个? 真的吗?

瓢虫也有很多种类，而且比一般人以为的种类更多。全世界共有5000多种瓢虫，仅仅日本就记录了约180种瓢虫科昆虫。所以正确答案是，不同种类的瓢虫，背上的点数也不相同（不过在这180种当中，有100多种都是体长仅有几毫米的极小物种）。瓢虫有许多种类，但除了极小的物种之外，大家基本上一眼就能认出它是瓢虫。这到底是为什么?

原因在于不好吃。

我曾经试过一次把瓢虫直接放进嘴里咬，结果之后的15分钟嘴里苦得要命，很难受。瓢虫会释放带有苦腥味的体液，这当然是抵抗捕食者的策略。同时，为了宣传自己具有这样的策略，瓢虫全都具有明显的特征，以便被一眼辨认出来。

有些昆虫和蜘蛛也会模仿这种瓢虫的外观，也就是所谓的"拟态"。伪装成瓢虫的样子，它们就能躲避捕食者。国外也有某些蟑螂长得和瓢虫很相似，可见瓢虫让天敌非常讨厌，以至于连蟑螂都要模仿它们。

在这里，也有能彻底推翻平时的"理所当然"的视角。瓢虫不仅是能在身边看到的昆虫，更是非常有趣的昆虫。

在开始观察前，我们先来了解一下瓢虫到底是什么样的昆虫。

瓢虫吃什么呢？

瓢虫的食性大致可以分成三类：一类以蚜虫或介壳虫等其他昆虫为食，其他两类以菌类、植物叶子为食。前面说过，日本记录了大约180种瓢虫科的昆虫，其中以菌类为食的约有四种，以植物叶子为食的约有十几种。也就是说，绝大部分瓢虫都以其他昆虫为食。

因为瓢虫的食性，我认为在观察的起步阶段，在城市公园观察瓢虫要比在山里更容易。

城市公园里种植的植物种类很多，这一点可能令大家惊讶。而在不同的植物上，能看到的瓢虫种类也不一样。如果我们看到的植物种类更多，那么在城市公园里找到的瓢虫种类自然也更多。此外，公园里有许多和人差不多高的树，这也有利于寻找瓢虫。

在夹竹桃上寻找瓢虫

瓢虫中明明有很多肉食性的种类，为什么在植物上发现的瓢虫种类会有差异呢？

这是因为瓢虫的食谱有差异。肉食性瓢虫主要捕食蚜虫、介壳虫、粉虱等，它们都是吸食植物汁液的半翅目昆虫（与蝉和知了是同类）。

顺便说一句，不能移动的植物并不会被动地被虫子吸食汁液、啃咬叶片。植物为了保护自己不受植食性动物的伤害，大致会选择两类防御方法：

物理性防御——将植物体变硬，长出毛或刺等。

化学性防御——在体内积累具有毒性或驱避作用的成分。

而为了吃那些含有毒性成分的植物，昆虫需要抵抗它的成分。因此，吃有毒植物的昆虫，就会出现特化[1]的倾向。这一点不仅表现在吃叶子的动物身上，在吸食植物汁液的蚜虫和介壳虫的身上也是一样。

进一步想，某种蚜虫吸食了含有毒性成分的植物汁液，那么这种蚜虫体内可能积蓄了该植物的毒性成分，于是能捕食这种蚜虫的昆虫，自然也需要能够抵

1　指物种对某一独特的生活环境特异适应的现象。（编注）

抗该毒性的成分。

　　很多人知道，有种名为鸡屎藤的植物与吸食的蚜虫之间便是这样的关系。鸡屎藤也曾在第一章的银座杂草列表（见第5页表1）中登场，它是街头常见的植物之一。至于这个名字的来历，只要揉一揉鸡屎藤的藤蔓或叶片就会明白，它会散发出一种难以形容的难闻气息。吸食鸡屎藤汁液的鸡屎藤蚜，不仅能抵抗鸡屎藤的毒性成分，还能把它摄取到自己体内。有报告指出，将这种蚜虫喂给饲养中的异色瓢虫和六斑月瓢虫的幼虫，幼虫全部死亡。不知道是不是所有的瓢虫都无法抵抗鸡屎藤蚜所具有的毒性成分，但至少许多瓢虫无法抵抗。

　　当然，也有研究结果显示，在有毒的夹竹桃上生活的夹竹桃蚜，虽然异色瓢虫的幼虫无法捕食，但六斑月瓢虫的幼虫却能捕食。可见瓢虫的种类不同，能捕食的蚜虫也有所差异。

　　你们身边的公园有没有种夹竹桃呢？如果种了的话，不妨在初夏长出新芽的时候仔细观察一下。新芽上可能会有黄色的蚜虫。这种颜色醒目的蚜虫，正是体内积蓄了有毒成分的夹竹桃蚜。那么，在蚜虫附近有瓢虫吗？如果有的话，它是哪种瓢虫呢？一定要仔细看看哦！

瓢虫的神秘天敌?

肉食性的瓢虫不仅通过蚜虫与植物产生联系,而且也和其他种类的瓢虫有着"你死我活"的关系。

瓢虫是肉食性的,所以它不仅会捕食蚜虫,也会捕食其他种类瓢虫的幼虫。

瓢虫中的异色瓢虫在城市里尤为常见,不愧是如名字所示的"普通"瓢虫[2]。但是,这种"普通"瓢虫的攻击性可不"普通"。它不仅攻击蚜虫,也擅长攻击其他瓢虫。

捕食能力极强的异色瓢虫,对于栽培植物上的蚜虫具有很好的防治效果,因而被国外当作害虫的天敌引入。然而在引入地它又导致了未曾预想到的问题,那就是本土瓢虫的减少。近年来,全世界都把异色瓢虫的入侵视为挑战。

在日本,异色瓢虫原本就是栖息在国内的本地物种。有人认为,异色瓢虫的存在可能限制了其他种类瓢虫的食性。也就是说,攻击性强的瓢虫以喜欢的蚜虫为食时,劣势的瓢虫也许只能以对方不太喜欢的蚜虫为食了。

综上所述,除了当地的环境(气温等)之外,植物固有成分的差异、蚜虫体内积蓄的植物固有成分、瓢

2　异色瓢虫的日文汉字写作"並天道","並"是"普通"的意思,"天道"是瓢虫的意思。

异色瓢虫

隐斑瓢虫

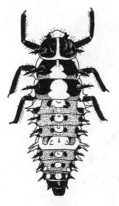

六斑月瓢虫

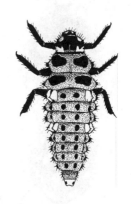

七星瓢虫

★·········瓢虫的幼虫图鉴

虫对于蚜虫体内成分的抗性差异、瓢虫种类间的攻击性差异……种种因素合在一起，导致了每种植物上能见到的瓢虫有所差异。

瓢虫并不是罕见的昆虫。不过，某些瓢虫只出现在特定的地方，这是一个非常复杂的问题。

那么，让我们来找一找上面介绍的这种既"普通"又"超强"的瓢虫吧。最容易找到它们的季节，是新芽生长的春季到初夏时节。在身边的公园里，你们会在什么样的植物上找到异色瓢虫？另外人们也发现，异色瓢虫具有四种斑纹不同的类型[3]，分别是二窗

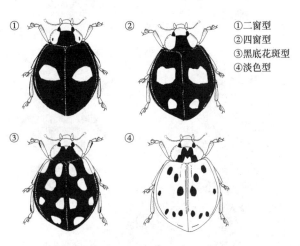

① 二窗型
② 四窗型
③ 黑底花斑型
④ 淡色型

★·········异色瓢虫的斑纹图鉴

3　在中国，郭长飞和舒晓晗等人的研究将异色瓢虫分为五种斑纹类型，即在上述四型之外还有一种黑缘型。

型、四窗型、黑底花斑型、淡色型（哪种类型更常见，取决于地区）。请参考本书中的插图，分辨不同斑纹的瓢虫吧。

东京公园里的瓢虫

在城市公园观察瓢虫时，你会找到什么样的瓢虫？想寻找各种各样的瓢虫，就要去种植了各种树木的公园。在列举城市公园所能见到的瓢虫前，我们先选定东京的梦之岛公园做观察。

从东京站乘坐京叶线，大约15分钟车程，在新木场站下车，再步行5分钟，即可到达东京填海造地建起的梦之岛公园。梦之岛是当年有名的垃圾处理场，现在则被开发成绿意盎然的公园，还拥有大运动场和植物园。梦之岛公园里种植着桉树之类的外来树木，但也有可食柯、厚叶石斑木之类的本土植物。

下页表7列出了我在两年左右的时间里找机会去梦之岛公园观察到的瓢虫以及发现瓢虫的植物。

在梦之岛公园我共找到了10种瓢虫。怎么样？仅仅一个公园，就能找到这么多种的瓢虫，没想到吧？实际上就连我自己，在实际观察前，也没想到能在梦之岛公园里找到这么多种瓢虫。此外，从这张表还可以看到，不同的植物上面能找到的瓢虫也不同。前面我们已经知道，不同地区所能找到的知了的种类是不同的，那么在瓢虫身上也能看到这样的差异吗？

表7 瓢虫及发现瓢虫的植物（东京 梦之岛公园）

瓢虫的种类	发现瓢虫的植物
七星瓢虫	救荒野豌豆
异色瓢虫	厚叶石斑木
奄美黑缘红瓢虫[4]	海桐
六斑月瓢虫	夹竹桃
隐斑瓢虫	赤松
茄二十八星瓢虫	北美刺茄
梯斑巧瓢虫	赤松
澳洲瓢虫	苏铁
四斑裸瓢虫	植物不明
柯氏素菌瓢虫	植物不明

冲绳公园里的瓢虫

为了和梦之岛公园的观察结果做比较，再介绍一下我在末吉公园的观察结果，它位于我所住的冲绳本岛那霸市的公园。

在那霸市区，单轨铁路从机场通向首里。在机场

4　即黑缘红瓢虫奄美亚种，学名*Chilocorus amamensis H. Kamiya*。（编注）

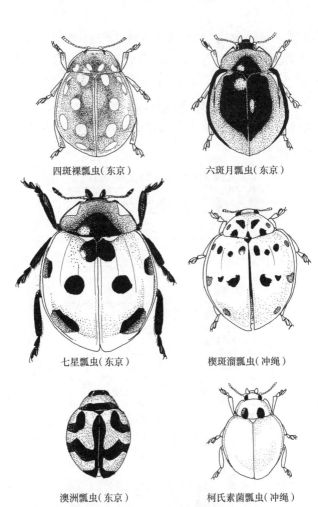

四斑裸瓢虫（东京）

六斑月瓢虫（东京）

七星瓢虫（东京）

楔斑溜瓢虫（冲绳）

澳洲瓢虫（东京）

柯氏素菌瓢虫（冲绳）

★⋯⋯⋯公园里的瓢虫图鉴（其一）

站乘坐单轨电车，20分钟左右到达市民医院站。从车站步行5分钟左右，即可抵达市区里为数不多的绿地之一，末吉公园。公园里高低起伏，有草坪、棕榈和各种园艺植物，此外还留有一部分森林般的自然环境。让我们来看看在末吉公园找到的瓢虫及其与植物的关联性。

表8 瓢虫及发现瓢虫的植物（冲绳 末吉公园）

瓢虫的种类	发现瓢虫的植物
隐斑瓢虫	琉球松、南紫薇
六斑月瓢虫	南紫薇、象牙树、夹竹桃、扁实柠檬
九星瓢虫	扁实柠檬
柯氏素菌瓢虫	南紫薇
小红瓢虫	变叶珊瑚花
楔斑溜瓢虫	银合欢
奄美黑缘红瓢虫	苏铁
茄二十八星瓢虫	大花木曼陀罗、水茄
七星瓢虫	草坪

看到这张表，自然会发现梦之岛公园与末吉公园所能见到的瓢虫是有差别的。梦之岛公园很常见的异色瓢虫，在末吉公园却完全看不到。异色瓢虫在冲绳没有分布。这两个公园里都能看到的是隐斑瓢虫、六

斑月瓢虫、柯氏素菌瓢虫和七星瓢虫四种。

此外，公园的观察结果表明，不同的植物上能发现的瓢虫也不同。有些瓢虫能在多种植物上被发现，有些瓢虫只能在特定的植物上被发现。例如，根据末吉公园的观察结果，六斑月瓢虫可以在各种植物上被发现，但奄美黑缘红瓢虫就只能在苏铁上被找到。另外，不同季节所能找到的瓢虫种类也有所不同，同一种瓢虫也会在不同的植物上被找到。

因此，瓢虫身上也有各种值得观察的地方。瓢虫有许多种类，各物种的许多野外生活史仍不为我们所知。

大阪公园里的瓢虫

接下来介绍大阪公园的观察结果。

在环状线森之宫站换乘地铁，约40分钟后可以抵达住之江公园。公园周围楼房林立。之所以选择来这里观察瓢虫，是因为它是全日本为数不多的可以观察到二星瓢虫的公园之一。公园中央有一个广场，里面设置了游乐设施和沙坑，广场周围种了很多树，几乎与森林相仿。

我从黄金周抽了一天去观察。如果能在不同时间反复观察，可以找到的瓢虫数量肯定会更多。我这天找到的瓢虫种类如第79页表9所示。

隐斑瓢虫（冲绳）

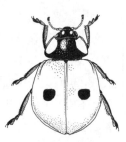

二星瓢虫（大阪）

梯斑巧瓢虫（东京）

变斑盘瓢虫（冲绳）

红点唇瓢虫（千叶）

奄美黑缘红瓢虫（冲绳）

小红瓢虫（冲绳）

★⋯⋯⋯公园里的瓢虫图鉴（其二）

在住之江公园的观察中，我找到了异色瓢虫、二星瓢虫、六斑月瓢虫，而且基本上都是在同样的植物上找到的。

表9 瓢虫及发现瓢虫的植物（大阪 住之江公园）

瓢虫的种类	发现瓢虫的植物
异色瓢虫	海桐、厚叶石斑木、三角槭
二星瓢虫	海桐、厚叶石斑木、三角槭
六斑月瓢虫	三角槭
二十星菌瓢虫	大苞野芝麻
四斑裸瓢虫	植物不明

前面写过异色瓢虫极具攻击性，那为什么在住之江公园会同时找到异色瓢虫和其他种类的瓢虫呢？

根据至今为止的研究结果，一般认为，二星瓢虫比异色瓢虫"弱"，会抢在异色瓢虫之前繁殖，与异色瓢虫错开生育时期，由此实现共存。实际上，我能观察到越冬的成虫与在春季发育的幼虫，但唯有二星瓢虫才能看到蛹的阶段。也就是说，二星瓢虫的繁殖时期确实比异色瓢虫早。

不同瓢虫之间的关系还有其他值得注意的地方。

有人认为，之所以只能在松树上看到隐斑瓢虫，可能是因为它相对于异色瓢虫"较弱"。冲绳没有异色瓢虫，所以也许可以在松树之外的植物上看到隐斑瓢虫。实际上，我在末吉公园的观察中发现，除了琉球松，南紫薇上也能看到隐斑瓢虫。这也让我好奇，还有没有其他能发现隐斑瓢虫的植物呢？

如果你发现了瓢虫，即使是普通品种，也不妨记录一下它是在什么时间、什么植物上被发现的。

即使是同一物种，瓢虫也会有斑纹变异，就像异色瓢虫那样。因此，一开始想要区分发现的瓢虫到底是哪种确实比较困难。我推荐《瓢虫的调查方法》（日本环境动物昆虫学会编，文教出版）这本书作为分辨瓢虫的指南，连小型品种都做了解说。

3. 野豌豆和苜蓿

观察救荒野豌豆

在公园里观察瓢虫，不仅可以发现不同地域的瓢虫种类各不相同，还能看到植物与瓢虫的关系，以及不同种类的瓢虫之间的关系。接下来我们再来看看公园里能见到的不同生物之间的关系。

自然总在我们身边，只是我们没有注意到身边的自然。

在这里，让我们重新回顾一下这句话。它实际上在说只要有机会，我们就能注意到身边的自然。而吸引我们注意的机会，常常隐藏在日常琐事之中。

在大学的研讨会上，我和学生们一起阅读小学的理科课本，列出课本上介绍的植物和昆虫的名字。例如，翻开小学四年级的理科课本，上面介绍了几种春天开花的杂草，有宝盖草、大苞野芝麻、阿拉伯婆婆纳、救荒野豌豆等。可是学生们对这些植物到底了解多少？课本里登场的四种杂草，都是初春可以看到的普通植物。但在不同地区，"普通"或者说"理所当然"的植物其实也不相同。在冲绳见不到宝盖草、大苞野芝麻、阿拉伯婆婆纳，学生们听到这些名字也是一脸茫然。不过，救荒野豌豆在冲绳有分布，它似乎是遍布全国的杂草。我问过学生"有人认识救荒野豌豆吗?",结果14名学生中没有一个举手。毕竟救荒野豌豆在冲绳不像在日本其他地区那么常见,这个结果也情有可原。

这件事情也让我开始关注起身边的杂草,特别是救荒野豌豆。

有一次,我去冲绳岛北部某县的研修中心为新生做随队导师。活动间隙有10到15分钟的休息时间,我就利用这点时间去房子外面观察。当然,时间太短,不能走得太远。好在大门前有片种了草的广场,那是公园里也很常见的环境。我绕着这片草坪走了走,想看看能不能有发现。草坪里混长着杂草。酢浆草、绶草、稻槎菜、白车轴草等都是本土常见的杂草,其中也有救荒野豌豆的身影。

看,花外蜜腺!

草坪里除了救荒野豌豆,还生长着花和果实更小的小巢菜。此外,还能找到花与果实大小介于两者之间的四籽野豌豆。救荒野豌豆和白车轴草是豆科的植

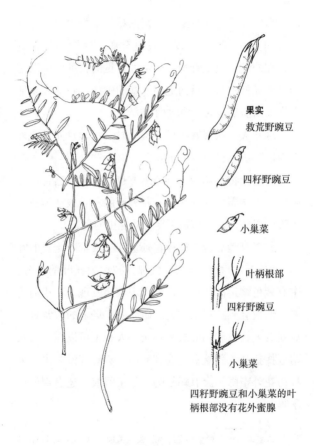

果实
救荒野豌豆

四籽野豌豆

小巢菜

叶柄根部
四籽野豌豆

小巢菜

四籽野豌豆和小巢菜的叶
柄根部没有花外蜜腺

★·········野豌豆类图鉴

物。当然，小巢菜和四籽野豌豆也是。[5]这样看来，春天的草坪上长了许多豆科植物。

出生在千叶的我从小就很熟悉救荒野豌豆。不过也许因为太亲近了，以前我没有那么仔细地观察过它。在冲绳，救荒野豌豆是不太常见的物种，所以它一旦在某处生长，反而更引起我的关注。我这才发现有许多以前都没有注意过的地方。

这一天，在观察救荒野豌豆时，我的目光被花外蜜腺以及访问它的虫子所吸引。

有些植物在花朵之外的地方也会产蜜，这种地方叫作花外蜜腺。为什么会有花外蜜腺？一般认为是为了吸引蚂蚁，保护植物不受食叶昆虫的危害。

救荒野豌豆也有这种花外蜜腺。救荒野豌豆的叶片（由若干小叶构成的复叶）根部，被称为托叶的部分，生有紫色镶边的小凹洞。仔细观察会发现，小小的蜜蜂、蚂蚁会到这里来找蜜。研修所广场上的救荒野豌豆就有大头蚁和切叶蚁来拜访。大家也可以在自己家附近找找救荒野豌豆，找到的话，看看有没有虫子来拜访花外蜜腺。会有蚂蚁吗？除了蚂蚁，还有别的虫子吗？

5　这里提到的三种草都是野豌豆属的植物，日文名分别叫作乌鸦野豌豆（救荒野豌豆）、麻雀野豌豆（小巢菜）和乌雀野豌豆（四籽野豌豆）。原文中说，乌鸦最大，麻雀最小，乌雀介于两者之间。由于中文名与日文名不一样，所以没有直接翻译，改以注解方式说明。

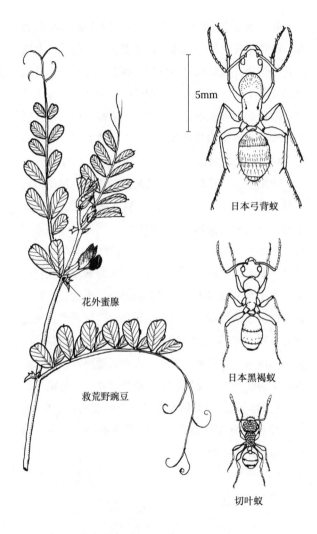

5mm

日本弓背蚁

花外蜜腺

救荒野豌豆

日本黑褐蚁

切叶蚁

★………被救荒野豌豆吸引的蚂蚁图鉴

除了救荒野豌豆，还有很多植物上也有花外蜜腺。身边常见的有公园里种植的樱花，它的叶片上就有花外蜜腺。比如染井吉野樱，撕下一片叶子，就能看到叶柄上有一对小小的圆形凸起。我就曾经在千叶老家附近的公园里观察到，津岛铺道蚁和瑕疵弓背蚁拜访染井吉野樱的花外蜜腺。大家的住处附近肯定有樱花树，散步的时候不妨摘一片樱花叶子看看吧。

介绍全世界花外蜜腺植物的网站显示，被子植物中具有花外蜜腺的植物共有109科，总计3797种。至于有花外蜜腺的植物多属于哪些科，前五名分别是豆科（853种）、西番莲科（444种）、大戟科（360种）、锦葵科（299种）、紫葳科（264种）。救荒野豌豆是豆科植物，属于花外蜜腺本来就很多的类群。不过，这样的话又产生了新的疑问：我在小巢菜和四籽野豌豆上并没有发现花外蜜腺，虽然花朵与果实的大小有差异，但它们也是豆科的草，整体上也和救荒野豌豆非常相似，这到底是为什么呢？关于花外蜜腺，还有很多值得探究的问题。如果你发现身边有蚂蚁出没的植物，它可能就具有花外蜜腺。到底哪些植物具有花外蜜腺，不妨找找看吧。

寻找热点

一旦注意到救荒野豌豆，我就在家里待不住了，

箭头指示花外蜜腺

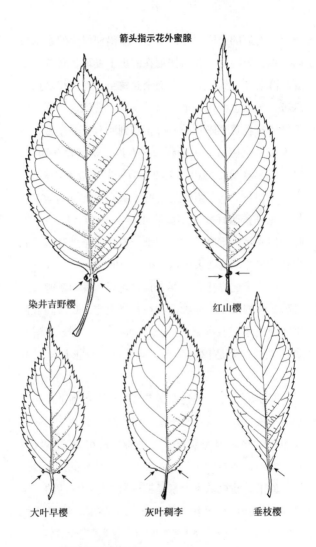

染井吉野樱

红山樱

大叶早樱

灰叶稠李

垂枝樱

★·········樱花的花外蜜腺图鉴

决定去附近的公园看看。那是一条沿河修建的亲水公园。走在公园里，我很快就在河堤上发现了救荒野豌豆的群落。仔细一看，上面全是蚜虫。而龟纹瓢虫和六斑月瓢虫也飞过来捕食这些蚜虫。看到这一幕，我不禁怀疑救荒野豌豆的花外蜜腺到底有没有作用。虽然说花外蜜腺可以吸引蚂蚁，有助于防御食草动物，但蚂蚁喜欢蚜虫排出的蜜露，看来并不能防治蚜虫。进一步细看，救荒野豌豆的叶子被啃得坑坑洼洼。看起来花外蜜腺好像并不能防止虫子啃咬叶子。不过，叶子到底是被谁啃的呢？仔细一看，叶子上有条很有嫌疑的虫子，看上去像是小小的青虫。

　　只要像这样注意观察救荒野豌豆，我们就能看到各种各样的虫子。而像这种在它身上能够观察到各种生物的对象，我称之为热点（Hot Spot）。自然观察的诀窍之一，就是找到热点。救荒野豌豆正是这样的热点。

　　顺便说一句，我还在救荒野豌豆上看到了一条小小的青虫，并且发现它不是蝴蝶或蛾子的幼虫，而是象甲的幼虫。因为我在救荒野豌豆的群落里不仅看到了幼虫，还找到了体长6毫米的象甲成虫。一般来说，象甲的幼虫基本上都是钻进植物体内生活的，所以幼虫的腿已经退化（我想应该有人在秋天捡橡子的时候，遇到橡子里面有虫子爬出来的情况，那种没有腿的虫子就是象甲的幼虫）。所以一开始发现这条幼虫的时候，我没想到它是象甲的幼虫。

我把幼虫捏起来仔细观察。在小学学过昆虫的特征之一就是胸部有三对足。仔细看毛虫，会发现胸部也有三对足。不过毛虫的腹部还有五对伪足，形成便于抓住树枝的形状。有趣的是，救荒野豌豆叶子上的象甲幼虫，胸部没有类似足的东西，但腹部的伪足却很发达，能使它附着在草上。

附着在救荒野豌豆上的象甲是苜蓿叶象甲。这种虫子原产于非洲北部到欧洲、亚洲中南部，1982年在日本冲绳岛和福冈首次被发现，之后扩散到全国各地。

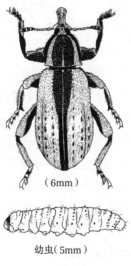

（6mm）

幼虫（5mm）

★⋯⋯⋯苜蓿叶象甲

看到一个，就会看到更多

接下来让我们来到大学校园。在中庭的草坪周围走一走，虽然我们没有发现救荒野豌豆，但草坪里生长着同为豆科的天蓝苜蓿。天蓝苜蓿的叶子上也有被啃咬的痕迹。仔细看看，苜蓿叶象甲的幼虫果然附在叶柄上。所以说，一旦看到身边的自然，紧接着就会看到更多的自然。苜蓿叶象甲的食谱中不仅有救荒野豌豆，也有三叶草和苜蓿的叶子。

那么，这种虫子名字里的"苜蓿"，又是什么样的植物呢？

在超市的蔬菜卖场里，苜蓿嫩芽近年来出现在萝卜苗等蔬菜旁边，吸引了顾客的目光。这种植物正是苜蓿叶象甲名字的由来。

苜蓿在日本被叫作紫苜蓿。苜蓿中除了嫩芽可以被食用的紫苜蓿之外，还有能做牧草的南苜蓿（日本叫作马苜蓿）。它是逃逸到野外的归化植物。原产于欧洲的天蓝苜蓿和南苜蓿早在江户时代便已经野生化了。这些苜蓿都是低矮的小草，像在地面上爬行一样。紫苜蓿的花为紫色，南苜蓿和天蓝苜蓿的花为黄色。此外，南苜蓿和天蓝苜蓿的外形很相似，但可以通过小果实的形状进行区分。苜蓿和三叶草、野豌豆一样，都是春天常见的豆科植物。

我在回千叶老家的时候，也发现了白车轴草、救

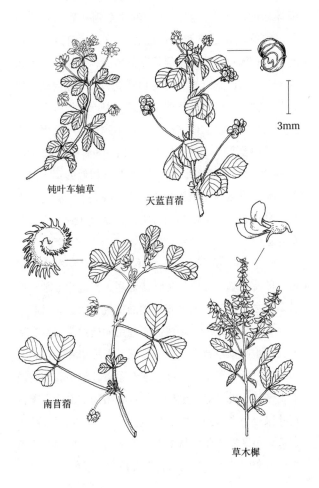

3mm

钝叶车轴草

天蓝苜蓿

南苜蓿

草木樨

★………豆科杂草图鉴

91

Chapter 03 公园

荒野豌豆、紫苜蓿这豆科的"三剑客"。在出站后面朝环岛的广场上，我一下子就注意到开着三叶草的花，它就像在邀请我。走过去一看，里面果然混长着救荒野豌豆。我试图寻找花外蜜腺，结果发现了蚂蚁——拜访救荒野豌豆的是切叶蚁和日本黑褐蚁。那么苜蓿呢？再一看，发现这里还长着一种一眼看去像是苜蓿类的植物，但这种草上找不到苜蓿叶象甲，它其实是属于另一类群的钝叶车轴草（苜蓿是豆科苜蓿属，车轴草是豆科车轴草属）。在人眼中非常相似的草，在苜蓿叶象甲看来却完全不同吗？后来我走了一会儿，发现了真正的苜蓿类植物南苜蓿，在这里找到了许多苜蓿叶象甲。

对于外来昆虫而言，日本不是它们原本的生息地，即使能临时停留，也无法定居。不过相反地，也有定居之后迅速扩大分布范围的情况，而且有时候不仅会扩大分布范围，定居后所利用的植物范围也会拓展。苜蓿叶象甲就有这样的情况。有报道称，自1987年左右，紫云英上多次被发现有苜蓿叶象甲。今后说不定钝叶车轴草等其他种类的豆科植物上也会出现苜蓿叶象甲。考虑到这样的可能性，我继续观察，结果在那霸市区发现此前从未有过报道的草木樨属归化植物草木樨的叶子上，也有苜蓿叶象甲啃咬的痕迹。

脚下的未知

在发现苜蓿叶象甲和豆科植物的关系的同时，我又注意到另一组虫和植物的关系。

那种草的名字也含有虫子，它叫蚊母草，在课本中出现过。它和绽放美丽蓝色花朵的阿拉伯婆婆纳一样，都是车前科婆婆纳属的植物，不过蚊母草开的白色花很小，就算长在脚边也很难被留意。我很早就知道这种植物的名字，一直想亲眼看一看。

之所以想看看这种草，是因为它的名字很有趣。为什么这种草会有"蚊母草"这个名字？因为这种草的果实一旦被虫子寄生，就会膨胀得远比本来的果实大得多，这叫作"虫瘿"。制造这种虫瘿的罪犯，是一种体长3毫米的象甲，名叫蚊母草直喙象。有位著名的植物学家牧野富太郎博士编写过一本知名的植物图鉴《牧野植物图鉴》，而在这本植物图鉴中唯一登场的虫子，就是蚊母草直喙象。蚊母草和蚊母草直喙象之间就有着这样千丝万缕的联系。

当我为了观察紫苜蓿和救荒野豌豆弯腰凑近草丛时，我忽然注意到自己一直心心念念的蚊母草就长在脚边。一旦我发现过一次，接下来就会发现它们到处都是：上班路上的公园里有，老家的田里也有。我以前到底在看什么啊……这不禁让我感觉很羞愧。

不过我也发现，虽然很多地方都能看到蚊母

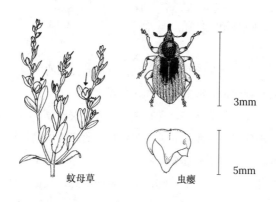

蚊母草　　　　　虫瘿

3mm

5mm

★⋯⋯⋯蚊母草直喙象

草，但不是所有地方都会长虫瘿。蚊母草和蚊母草直喙象之间的关系并没有那么牢不可破。城市公园花坛里生长的蚊母草上一颗虫瘿都没有，说明没有虫，而生长在插秧前田地里的蚊母草上就有虫瘿。什么条件下会产生虫瘿，什么条件下不会是个很有趣的问题。这样看来，脚下的小草和虫子的关系，也有很多未解之谜。

在公园里，肯定还有很多可以进行的自然观察。

现在你已经知道怎样去观察路边和公园这类身边的自然了，那么再让我们去观察家和院子里更近的自然吧。

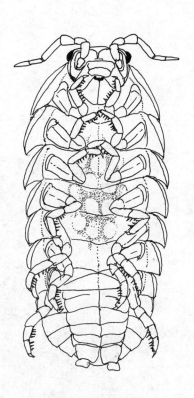

普通卷甲虫（腹部）

1. 家里的虫子

窗边有什么虫?

家里和院子可以说是我们最熟悉的地方。在本章中,我想介绍一些栖息在这些地方的、平时不会被注意到的生物。

我在冲绳岛北部的研究中心参加新生导师项目的研修间隙有少许自由时间。前面说过,我利用自由时间观察了研修中心门前的广场草坪,不过还想知道有没有别的自然方便我在短时间里进行观察。于是我朝窗户看去,窗外是研修中心的中庭,然而我的目光被窗玻璃下面躺着的一只小虫的尸体所吸引。

研修中心前是草坪广场,背后则是一片树林,所以经常会有虫子从外面钻到研修中心里来。尤其是晚上,研修中心的灯光会吸引各种虫子。那些虫子一旦进入建筑物就出不去了。想出去的虫子聚集在窗户周围,因为这里比房间里更亮,但它们无法出去,于是纷纷死亡,所以窗边会有许多虫子的尸体。看到这一幕,我忽然想到一个问题:如果把研修中心的窗台全部看一遍,到底能看到多少种昆虫?于是我决定把三层楼的研修中心的窗台都走一遍,把虫子的尸体收集起来。结果如下页表10所示。

表10 窗边发现的虫子尸体

目	种数·个体数
蜻蛉目	1种1个
半翅目	4种5个
鳞翅目	11种11个
鞘翅目	7种10个
双翅目	14种21个
膜翅目	11种14个
合计	48种62个

没想到会发现这么多种类的虫子吧？建筑物的窗边也可以说是一个热点。如果你有机会住旅馆，不妨注意一下窗台，说不定可以借此发现入住地区到底有什么样的虫子。

接下来，关于研修所窗台上找到的虫子，我想按科分类，介绍其中的甲虫。

可以看到，连瓢虫都掉在了窗台上。我发现的是全身红色的小红瓢虫。

以蚜虫为食的瓢虫一旦进入建筑内部，就很难存活下来。同样的，倒在窗台的虫子都是无意中进了牢笼郁郁而死的家伙。不过也有一些昆虫专门以这些虫子的尸体为目标，那就是蚂蚁。在一楼大门附近的窗

表11 窗边发现的甲虫尸体

科	种数
金龟子科	2种
拟步甲科	1种
叶甲科	1种
小蠹科	1种
拟天牛科	1种
瓢虫科	1种

边，大头蚁来来往往。二楼和三楼的窗边是褐狡臭蚁。可以说，这些蚂蚁把建筑内部当作了自己的生活空间。

可见，在建筑物里也能进行自然观察。说到距离我们最近的建筑，当然是日常生活中我们所住的自家房子。那么，家里会有什么样的虫子呢?

家里的蚂蚁叫什么名字?

研修中心的窗边，有两种蚂蚁出没。

说到蚂蚁，印象中它们大都体形很小、喜欢砂糖……其实蚂蚁也有很多种类，根据《日本产蚂蚁类全种图鉴》(学习研究社)，已知的日本产蚂蚁共有

273种。

由于蚂蚁很小，所以抓到或者看到蚂蚁时，我们一开始可能很难辨认出它们是什么种类。让我们来看看蚂蚁的身体吧。小学里学过，昆虫的身体分成头、胸、腹三部分。仔细看蚂蚁的身体会发现，胸和腹的中间还有一个细细的部分，这叫作腹柄。不同种类的蚂蚁腹柄的节数不同，有的是一节，有的是两节。当然，身体的大小、颜色、毛发的生长方式等特征，也是确定种类时的线索。由于要观察这些细微的特征，所以在求证蚂蚁种类的时候，我们需要具有一定放大倍数的放大镜或显微镜。

此外，在某些蚁群中我们可能会看到兵蚁这种大型个体，这样的特征也会对确定种类有所帮助。日本有近300种蚂蚁，能在家附近看到的蚂蚁种类却是有限的。但只要看的次数够多，自然会辨认出蚂蚁的种类了。

有些蚂蚁会进入家里，有些蚂蚁不会。另外，在进入家里的蚂蚁中，既有临时进来的，也有在家里筑巢的。

在研修中心窗边出没的大头蚁和褐狡臭蚁，都是在建筑物外面筑巢的种类，它们只是暂时性地利用建筑物内部（作为觅食地）。大头蚁中有好几种外观都很相似，在调查名字时需要注意。大头蚁有兵蚁，在确定种类时，需要仔细观察兵蚁的形态。我在观察它们

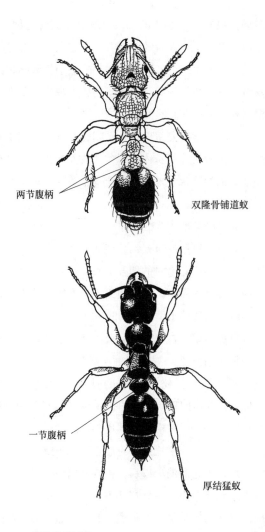

两节腹柄

双隆骨铺道蚁

一节腹柄

厚结猛蚁

★·········蚂蚁身体图鉴

Chapter 04 家里与院子

的时候，只看到了小小的工蚁，所以没能确定种类。至于褐狡臭蚁，放大看的时候会发现它们全身都是黑色，唯有脚尖呈白色。此外这种蚂蚁被手指碾碎时会散发杏仁豆腐般的气味，所以不用放大观察，我们也能根据气味确定它们的种类。

在我的大学研究室里也会看到暂时进入建筑物的蚂蚁：小小的切叶蚁身体呈褐色，放大观察时可以看到头部细细的网状纹理，还有全身土黄色、具有细长足的细足捷蚁。

普通民居又是什么情况呢？

我去朋友家里的时候，总想知道地板上有没有蚂蚁爬行。去鸟取县乡村的朋友家时，看到了家盘腹蚁在家中的客厅里漫步。家盘腹蚁不会在家里筑巢，我想它们应该是从院子里爬进来的。

我自己的家，在那霸市区公寓楼的七楼。一般来说，应该没有什么蚂蚁能从地面爬到我住的房间来，但房间里依然有蚂蚁出没。能在城市公寓楼七楼出没，应该是在房间里筑了巢的蚂蚁（法老蚁等蚂蚁会利用房间角落里的空箱子，将箱子内部当作蚁巢）。

至今为止，我家里已经更迭过三种蚂蚁。一开始是法老蚁，等它们消失以后，很快又出现了黑头酸臭蚁。再过一阵，黑头酸臭蚁又不见了，出现了异色小家蚁。这些蚂蚁都是小型种类。其中，黑头酸臭蚁的动作有种"惊慌失措"的样子，辨识度极高，不用放大也能确定它的种类。这些蚂蚁虽然小，但会吃食物和昆虫标本，所以都是很麻烦的物种。

家里蚂蚁的更迭

这些蚂蚁的更迭是怎么回事？是因为先住进来的蚂蚁由于某种原因消失，其他种类的蚂蚁碰巧又住进来了吗？还是因为其他种类的蚂蚁住进来，取代了原先的蚂蚁呢？我想两者都有可能，但不知道具体是哪种情况。不过在阳台观察时，我发现了一个很有趣的例子。

我在阳台上找到了新的蚂蚁，它们和家中出没的蚂蚁又不一样。这些蚂蚁也不是从地面爬上来的，而是栖息在七楼阳台的物种。为了确定它们的名字，我抓了几只在阳台花盆植物周围爬行的蚂蚁，发现它是阿美尼氏蚁。花盆里种的红薯，叶子的根部有花外蜜腺，阿美尼氏蚁会来拜访这些花外蜜腺（所以在阳台种植一些带有花外蜜腺的植物，说不定会有意外的发现）。有趣的是，这种蚂蚁只在阳台出没，基本不会进入房间。

有一天，在阳台晾衣服的妻子说："丝瓜上爬了蚂蚁，好恶心。会不会爬进房间啊？"

"阳台的蚂蚁和房间里出没的蚂蚁种类不一样，不用担心。"

那时候我只是说了那么一句。但过了一会儿，我

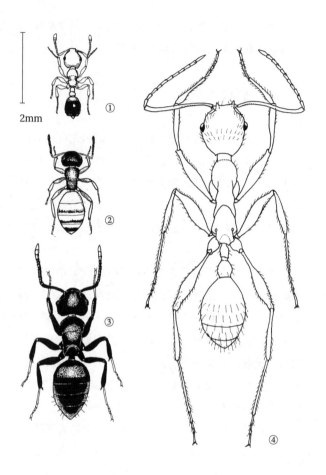

2mm

①异色小家蚁 ②黑头酸臭蚁
③褐狡臭蚁 ④家盘腹蚁(全身黑色)

★………室内出没的蚂蚁图鉴

决定亲自去看看蚂蚁的样子。因为听到妻子的话，我想起丝瓜也有花外蜜腺。阳台的蚂蚁大概都聚集在丝瓜的花外蜜腺上了。

　　阳台的丝瓜源于我大儿子的学校里分发的种子。因为种植的时间晚，花盆里的土壤肥力也不足，生长状况不太好，细细长长的。仔细看可以发现茎上有蚂蚁来来往往。再进一步观察，我果然看到在丝瓜叶子根部的花外蜜腺上聚集了许多蚂蚁。然而看到那些蚂蚁，我大吃一惊。因为那不是我原本在阳台经常看到的阿美尼氏蚁。在小小的工蚁当中，我还看到了大型的兵蚁。兵蚁的腹部因为蜜而鼓胀起来。我抓了一只用显微镜查看，又翻阅图鉴，发现它们是皮氏大头蚁（图鉴上还记载，皮氏大头蚁的兵蚁能够运蜜）。

　　我在阳台四处寻找，但没有找到阿美尼氏蚁。是不是皮氏大头蚁进入阳台，取代了阿美尼氏蚁？但就算是这样，蚂蚁的更迭又是什么时候发生的？如果不是妻子注意到丝瓜上的蚂蚁，我可能一直不会发现。说不定阳台的蚂蚁会继续发生某种更替。我意识到，从今往后，我需要时不时确认一下阳台的蚂蚁。

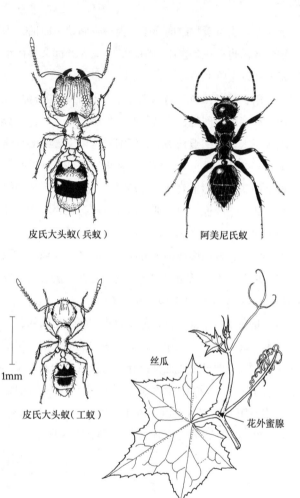

皮氏大头蚁（兵蚁）

阿美尼氏蚁

1mm

皮氏大头蚁（工蚁）

丝瓜

花外蜜腺

★·········阳台出没的蚂蚁图鉴

2．家里的"珍稀昆虫"

怎样饲养蟑螂？

房间和阳台是相邻的场所，但能看到的蚂蚁不同。这说明对虫子来说，房间内外的环境有巨大差异。那么，房间内外到底有哪些差异？

关于这个问题，我想讲述一件小趣事。

我经常接到生物相关的电话和书信。有一天，我接到那霸市内某位小学生母亲的电话。"我女儿开始研究蟑螂，但它们很快就死了。我们不知道该怎么办，所以给您打电话……"对蟑螂感兴趣的小学女生很少见，所以我决定听她母亲仔细说一说。

母亲讲道，她女儿感兴趣的不是家中常见的蟑螂，而是在学校院子里的树木落叶下面发现的蟑螂——印度蔗蠊。印度蔗蠊是在琉球群岛等南方地区生活的蟑螂，体长16毫米左右。雄性和雌性的体形不同，雌性更粗短，虽然有翅但不能飞行。这种蟑螂经常能在住宅附近的树林落叶下面看到，掀开落叶或者石块就会被发现，不过最常见的还是尚无翅膀的漆黑幼虫。女儿抓了这种蟑螂的幼虫带回家饲养、观察，但幼虫很快就死了，她不知道该怎么办……

我问她饲养的时候有没有在饲养箱底部铺上泥土

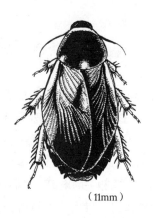

（11mm）

★·········印度蔗蠊（雌性）

或者湿润的木屑，因为印度蔗蠊是在落叶下面生活的蟑螂，湿度不够的话，它们很难生存。结果那位母亲告诉我，饲养箱底部什么都没有铺。

这次交谈后，我再次意识到，在家里出没的昆虫其实是非常特殊的。

说到蟑螂，人们总有一种印象——好像踩也踩不死、杀也杀不光。但像印度蔗蠊这样的种类，就算人们想把它养在家里，一不小心也会养死。日本的蟑螂一共有58种，但出现在家里的只有10种左右。换句话说，大部分蟑螂其实都没办法在人类的家里存活。

对于一般的昆虫来说，人类家宅的环境其实很严酷，因为食物有限，也很难补充水分。和野外生活的蟑螂相比，在家宅出没的蟑螂大概更能忍受干燥，并且能够更有效地使用地点限定的水分。我们在厨房周围经常能看到蟑螂，肯定是因为它们在寻求水分。

室内是特殊的环境

蟑螂大约是最令人讨厌的昆虫，一般没有人想要观察它吧。不过，不一定非要去观察，只要有昆虫在家里出没，包括蟑螂在内，即使你不想观察，它们难免也会进入你的视野（不管你喜不喜欢），所以我觉得，这也是难得的观察对象。

自然观察的方法之一是定点观测——定期访问确定的地点，观察、记录该地点随时间和季节变化的情况。而观察室内昆虫，可以说是不用出门也能进行的定点观测。

此外，室内环境其实很特殊。生活在沙漠里的生物为了适应干燥状态，外观和形态都很特殊。纳米布沙漠有一种拟步甲为了从沙漠里产生的雾气中获取水分，会爬上沙丘顶部，倒立起来，用腹部承接雾气，再用口接住收集的水分。这是很著名的行为模型。另外，虽然深海不是沙漠，但也是很特殊的环境，栖息在深海里的鱼和其他生物，形态也发生了很大的变化，近年来越发受到关注。

在这一点上，室内的昆虫其实也是相当古怪的昆虫。有些在室内出没的昆虫，在室外根本找不到。我从某位研究甲虫的朋友那里听说，欧洲有位甲虫研究者几乎采集了该国记录过的所有甲虫，最后竟然被采集室内出没的甲虫难倒。

我们日常生活的室内，对于虫子来说其实是很特殊的环境，这也同样颠覆了我们心中"理所当然"的观点。从这样的视角出发，可以说，我们能在室内看到的虫子，都是"珍稀昆虫"。

家里还会有天牛？！

举个在家宅出没的虫子为例吧。有种虫子，可能很多人都没想到能在家里看到。"家里竟然还有这样的虫子？"——它就是天牛，在喜欢昆虫的人群中相当受欢迎。天牛的种类很多，有些很美丽，有些很难找到（珍稀品种），这些特点都能点燃收藏家的热情。在天牛当中，就有一种家天牛会在家中出没。

一有机会，我就都会去拜访冲绳的老人家，了解冲绳从前的生活。虽然都位于冲绳，但不同的岛屿上人与自然的关系、积累的自然智慧完全不同。然而随着社会的变迁，它正在急速消失。

有一次，我在宫古岛旁边的伊良部岛拜访一位老爷爷，听他讲述了当年的生活。在聊天中，话题转移到家中出没的虫子身上。老爷爷告诉我，以前人们从山上砍树盖自己家的房子时，砍下来的木头必须先用盐水泡几天。不然的话，木材里会有虫子，很难处理。据说，睡觉的时候都能听到钻在木材里的虫子啃咬木头的声音。

这种啃木头的罪魁祸首就是家天牛的幼虫。家天牛幼虫很喜欢干燥的木材，这种木材恰好是造房子的材料。顺便说一句，熟悉天牛的朋友告诉我，近年来家天牛已经变成珍稀的昆虫，因为现在已经没有人用从山上砍伐的木材直接造房子了。现代风格的房子用的是新式建筑材料，家天牛似乎无处下口。而在野外，家天牛又很难找到喜欢的干燥木材。那么在人类建造房屋之前，家天牛到底在哪里生活呢？这真是个难解的问题。

无论如何，喜欢虫子的人如果听说某栋房屋出现了家天牛，大概会忍不住去那里采集标本吧。

所以说，在家中出没的不仅是蟑螂和蚂蚁。之所以我们平时注意不到别的昆虫，或许是因为它们没有蟑螂那么大，又不像蚂蚁那样成群结队。

在室内出没的蟑螂，在昆虫当中属于体形较大的种类。可能正因如此，才会有那么多人讨厌它。实际上，很多在室内出没的昆虫体形都非常小。仔细想来，这些小小的虫子都是很厉害的虫子。如果它们的体形像蟑螂那么大，就可以在沙漠般的室内走动，前

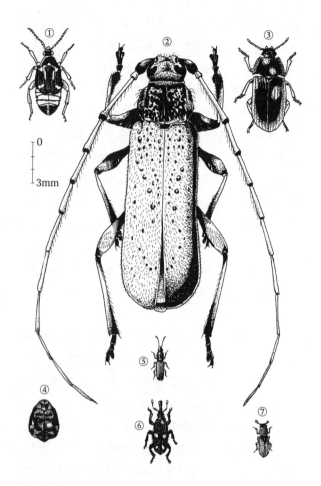

①绿豆象 ②家天牛 ③黑菌虫 ④小圆皮蠹
⑤锯谷盗 ⑥玉米象 ⑦谷蠹

★·········家中的昆虫图鉴

往水槽、厕所这样的"绿洲"获取水分，但体形很小的它们，在沙漠般的室内到底是怎么活下来的？

家中常见昆虫列表

我把自己家里看到的虫子做了一张表（表12），作为能在家里看到的昆虫例子。

表12 盛口家发现的虫

目	种类
衣鱼目	灰衣鱼
蜚蠊目	美洲大蠊、澳洲大蠊
啮虫目	虱啮类
鞘翅目	锯角毛窃蠹、横带毛皮蠹、小圆皮蠹、锯谷盗、谷蠹、米扁虫、赤拟谷盗、黑菌虫、玉米象、绿豆象
膜翅目	法老蚁、黑头酸臭蚁、异色小家蚁
双翅目	果蝇类、蚤蝇类

本应该"给人住的房子"，却栖息着这么多的"不速之客"，我想肯定会有人对此大为惊奇，也许还会觉得可怕。因为在"家"这个最熟悉的地方，居然住满了连名字都没听过的虫子。这是因为表格中列举

的许多虫子都非常小，这一点刚刚也提到了。

这里列举的昆虫，含有临时栖息在家里，后来消失不见的种类，也有暂时潜入的昆虫（有翅型白蚁每到特定季节都会进入，不过幸运的是还没定居）。

你们家里有什么样的昆虫出没？我想，不同的房子能看到的昆虫也不一样吧。

我从小就喜欢收集昆虫，但不能跑进别人家里收集。所以，你家里的昆虫对于他人来说也许就是"栖息在秘境里的昆虫"呢！

你认识衣鱼吗？

"我在家里看到一种像化石的虫子，你知道是什么吗？"

大学老师O先生曾这样问过我。光听描述，我不太明白，请他拿来一看，发现是衣鱼。

"衣鱼？是这东西的名字吗？"

O先生问我。

如上页表12所示，衣鱼是属于衣鱼目这个独特群体的昆虫。衣鱼为杂食性昆虫，以纸张、糨糊、衣服、谷物、干货等为食，经常钻到书本里，所以汉字也写作"纸鱼"。之所以称为"鱼"，是因为它的体表覆盖着小小的银色鳞片般的东西（鳞粉），英语叫它"silverfish"。

O先生说衣鱼像化石，他指出了衣鱼的一项非常有趣的特征。它之所以像化石，是因为成虫没有翅膀。它的样子能让人联想到昆虫祖先尚未获得翅膀时的模样。

"它比蟑螂更古老吗？"

O先生又问了这个问题。那么衣鱼比蟑螂更古老吗？

蟑螂有完整的翅膀。我们知道，蟑螂这种昆虫出现得很早，而衣鱼没有翅膀，因而可以说比蟑螂更古老。O先生又给我看了另一个塑料袋，里面也有一只昆虫，"这也是衣鱼吗？"我看到袋子里装的是衣鱼的幼虫，它和成虫完全一样，只是体形不同。幼虫与成虫具有同样的形态，这也是原始昆虫的特征。可以说，衣鱼是在室内出没的活化石。

也有大学生问过我衣鱼的问题。在室内的昆虫中，衣鱼似乎是相对醒目的存在。于是我在课堂上给学生们看了衣鱼的标本，问他们有没有见过衣鱼。室内不会下雨，所以食物和水分都很受限，属于很特殊的环境。不过冲绳的湿度高，很多室内的东西都会长霉（在大学实验室里，连一次性筷子都会长霉）。可能正是这个原因，和之前住过的千叶与埼玉的房子相比，我感觉在冲绳的房子里看到衣鱼的机会更多。那么到底有多少学生看过衣鱼呢？在冲绳出生的20名学生中，有11名回答说看过（不知道其他地区的情况怎么样，有机会的话，能帮我做个问卷调查吗？）。

在冲绳，约半数的学生看到过衣鱼。可惜的是，知道这种昆虫叫衣鱼的学生一个也没有。

怎样区分衣鱼的种类

衣鱼也有不同的种类。

全世界已知的生物足有150万种，所以想要记住所有看到的生物名字是不可能的。话虽如此，但只要知道生物的名字，就能知道许多事情。

根据调查，衣鱼目的昆虫，全世界共有400种，日本有14种，其中能在室内发现的有8种。这当中自然也包括罕见的种类。也就是说，如果在家里发现了生活在室内的衣鱼，只需要从几个候选中挑选判断。这样的话，确定种类似乎并不太难。而且更幸运的是，关于如何区分衣鱼种类的文献已经在网络上公开了。

查阅文献可知，分辨的关键在于头部的形态、身体末端体节的形状、鳞粉的颜色等。生活在室内的衣鱼中，外来的西洋衣鱼和日本自古就有的毛衣鱼比较有代表性，不过我家里的种类并不是这两种，而是灰衣鱼。

在全世界的温暖地区都能见到灰衣鱼。在日本，除了冲绳之外，奄美、九州、小笠原等地区都能发

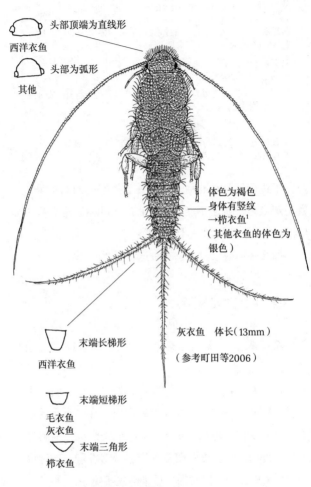

头部顶端为直线形

西洋衣鱼

头部为弧形

其他

体色为褐色
身体有竖纹
→栉衣鱼[1]
（其他衣鱼的体色为
银色）

末端长梯形

西洋衣鱼

灰衣鱼　体长（13mm）

（参考町田等2006）

末端短梯形

毛衣鱼
灰衣鱼

末端三角形

栉衣鱼

★⋯⋯⋯⋯室内的衣鱼区分图鉴

1　学名*Ctenolepisma lineata*。（编注）

表13 生活在室内的代表性衣鱼检索表（基于町田2006）

西洋衣鱼 → 头部顶端为直线形，末端部的体节为细长的梯形，体长9毫米

毛衣鱼 → 头部顶端为弧形，末端部的体节为短梯形，触角淡黄色，体长9毫米

灰衣鱼 → 头部顶端为弧形，末端部的体节为短梯形，触角淡黄色，体长约15毫米

※以上3种身体基本为银色

糖衣鱼 → 末端部的体节为钝角三角形，体色淡褐色，有若干竖条纹，体长约13毫米

现。不过即使是在冲绳，出现在学生家里的衣鱼是否就是灰衣鱼，我还不能确定。我的千叶老家也有衣鱼出没，但也不知道那是什么种类。

那么，你的家里也有衣鱼这种活化石吗？

收到干货要检查

除了衣鱼，我们再来看看家里能见到的其他昆虫。

有一天，我听到妻子说爬出来好多虫子。我过去一看，只见从东京送来的大米里爬出了许多小小的甲虫。放大观察，那是体长3毫米的细长昆虫，前胸边缘有锯齿状凸起。查阅图鉴得知它是锯谷盗。这种虫子在我家里住了一段时间，后来消失不见了。

过了一段时间，我又听到妻子说有虫子。这次是在种子岛务农的朋友给我寄来的干燥带穗的玉米（做

爆米花用），上面又涌出了甲虫。仔细观察，发现一共有三种昆虫：体长3.2毫米的赤拟谷盗、2.5毫米的谷蠹、1.9毫米的米扁虫。这些虫子也逃进了房间，不过也在一段时间后消失了。同样地，我们从千叶朋友家送来的绿豆上发现了绿豆象，一时间家里爬满了这种虫子。

我很喜欢收集这些室内昆虫。昆虫经常像这样附着在物品上潜进家里，过段时间又消失不见。收到豆类、谷类以及其他自制干货的时候，大家要注意检查上面有没有虫子。

另外，有些甲虫会在家里住很久。其中的代表就是锯角毛窃蠹。

窃蠹的英文名字叫作"Deathwatch Beetle"（死亡守望甲虫）。窃蠹科甲虫，全世界已知约有2000种。窃蠹的幼虫主要以木材为食。"Deathwatch Beetle"这个名字来源于其中一种窃蠹，它生活在家里的木材中，成虫在交配时会用身体撞击木材，发出声音。中世纪的欧洲人认为，这种声音是"死亡使者携带的钟表走时声"，因而得名。

我现在所住的那霸公寓房里，没有出现过这种以木材为食的窃蠹。但在千叶老家的古木造房屋里，我很开心地发现了吃木材的窃蠹之一，浓毛窃蠹。你如果有机会回到乡村的老家，不妨留意一下老家的房子，看看会不会发现和平时不同的昆虫。

我在家里发现的锯角毛窃蠹，又叫烟草甲，是杂食性昆虫。之所以有后面这个名字，是因为它甚至可以吃烟草的叶子（烟草叶中含有毒的尼古丁）。此外，小麦粉、辣椒、咖喱粉、巧克力、葵花籽、菜籽粕之类的肥料、干草、草药、鱼干等，都在它的食谱上，丰富得让人吃惊。在老家，我经常看到烟草甲，但不知道它们到底吃什么。据文献记载，它们有时候还会吃榻榻米。也许它们在老家就是吃榻榻米吧。

　　家里的虫子生活在特殊环境里，有些方面自然耐人寻味。关于这些虫子的生活，我们还有许多没有弄明白的地方。

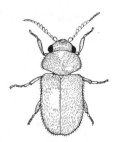

浓毛窃蠹（4.2mm）　　锯角毛窃蠹（3mm）

★………两种窃蠹

3．蜗牛与蛞蝓

蜗牛是什么动物？

这次让我们走出家门，去庭院和阳台观察自然。

我家是公寓楼里的套房，所以我先在阳台上进行自然观察。

前面介绍过蚂蚁住在我家阳台的情况，其实除了蚂蚁，还有蜗牛。我家在七楼，所以阳台就像空中花园一样。这里种植的植物数量有限，就算是下雨天，也因为有屋檐，一大半地方都接触不到雨水。所以虽然不像室内那么干燥，但阳台也同样是比较干燥的环境。每次看到蜗牛能在这样的地方活下来，我都感到由衷的钦佩。我曾经找机会去朋友住的公寓房阳台观察，但一只蜗牛都没看到。

顺带提一句，我和学生们聊天时，学生们似乎都认为"蜗牛就是蜗牛"，并没想到蜗牛也有许多种。蜗牛当然有许多种，而且种类远比想象的更多。日本产的蜗牛有800多种，就连我家的阳台都住着三种蜗牛，分别是褶管螺、光滑巨楯蛞蝓、灰尖巴蜗牛。

在介绍这些蜗牛种类前，有必要解释一下蜗牛是什么。简单来说，蜗牛就是栖息在陆地上的贝类（软体动物）。

我和自然的关系始于小学时代在海边捡贝壳的经历。我从小就把贝类图鉴放在床头，对我来说，蜗牛就是贝类动物，而且从来也不觉得这有什么奇怪。但是学生们认为蜗牛和海里的贝类完全不同，是属于"蜗牛"这一独立群体的生物。

因为蜗牛属于贝类，所以在考虑蜗牛是什么的时候，要先从贝类的角度来思考。

贝类（软体动物）一共包括八个类群，其中广为人知的有螺（腹足类）、双壳贝、乌贼和章鱼（头足类）三个类群。螺（腹足类）下面又有许多类群。螺的根据地在海里，其中某些类群后来进化出能够独立生活在陆地的螺类，这些螺类便被统一称为蜗牛。

在阳台上寻找蜗牛

接下来让我们逐一观察在阳台上发现的蜗牛。

在这三种蜗牛中，灰尖巴蜗牛有一个直径约2厘米的圆壳。它属于螺类中的有肺类、柄眼目巴蜗牛科。就像杂草包含了不同科的植物一样，蜗牛其实也包含了不同科的螺类。有一首童谣叫《蜗牛》，开头的一句是"圆嘟嘟的蜗牛"，它的歌词卡上画的"蜗牛"就是巴蜗牛科的蜗牛。可以说巴蜗牛科的蜗牛正是日本蜗牛的代表。此外，灰尖巴蜗牛也是能在本土看到的种类，不过冲绳的灰尖巴蜗牛与本土多少有些差异，因而被称为冲绳灰尖巴蜗牛亚种（亚种是指同一物种当中具有地区差异的小群体）。不管怎么说，在冲绳，灰尖巴蜗牛是乡村里最常见的蜗牛，在我位于那霸市区的公寓周围也很容易被看到。

光滑巨楯蛞蝓与灰尖巴蜗牛属于不同的类群。它是有肺类柄眼目薄甲蜗牛科的蜗牛。与巴蜗牛科的蜗牛相比，薄甲蜗牛科的壳很薄，有饴糖般的颜色，所以叫作"薄甲"蜗牛。光滑巨楯蛞蝓是外来物种，2003年以后才在冲绳县、爱知县、三重县等地被发现。此后，它在冲绳岛的分布急速扩大，逐渐成为乡村常见的蜗牛。我估计光滑巨楯蛞蝓之所以出现在阳台，是因为我把带有它的泥土拿了进来。有段时间它的数量增长了不少，不过最近少了很多。

在有肺类柄眼目蜗牛中，烟管螺科都具有细长的壳，和海生螺类相似。褶管螺就是烟管螺科的一员。烟管螺的外壳形状很像以前人们抽烟用的烟管，所以有了这个名字。在做田野调查的时候，看到这种烟管螺的学生曾经很惊讶地问："这也是蜗牛吗？"。这种烟管螺其实也是阳台的居民。

就世界范围而言，烟管螺在欧洲、亚洲和南美的种类最多，但其他地区几乎完全没有，呈现出非常独特的分布方式。有趣的是，从世界范围来看，日本是烟管螺的多产地，已经发现了近200种（英国只有6种，可见日本的确是多产地）。

Chapter 04 家里与院子

褶管螺是烟管螺的小型种类，外壳只有1厘米大小。在我家阳台上，盆栽的泥土上和花盆下面栖息着很多褶管螺。褶管螺是冲绳本地的蜗牛，虽然不算珍稀物种，但也不是哪里都能看到的。这些褶管螺应该也是附着在什么东西上面，潜进我家的阳台，在这里找到了居住地。

这三种蜗牛都是有肺类柄眼目蜗牛，不过我们也看到，柄眼目蜗牛其实也有各种各样的形态。如果换个地方，从阳台来到院子里的话，又会找到什么样的蜗牛呢？

虽然阳台没有室内环境那么严酷，但也是一个相当特殊的环境。既然蜗牛能在这样的地方被发现，那么它们在院子里应该更容易定居。

你没在院子里见过蜗牛吗？真的吗？

好吧，让我们一起来找找院子里的蜗牛。

从蜗牛身上知道的

我在房总半岛尽头的海滨小镇馆山长大。

老家所在的街区距离车站需步行大约30分钟，周围都是同样古老的房子和田地。我老家的围墙由常绿树可食柯组成，基本都有树荫，所以人在院子里就像在树林里一样。我小时候就在自家院子里见过很标准的大型蜗牛。那是三条蜗牛，在关东地方很常见，

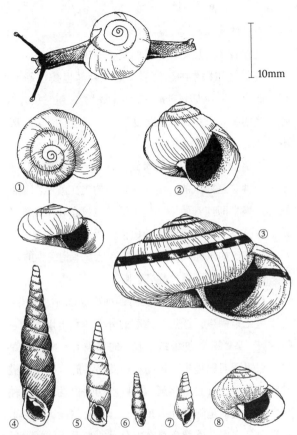

10mm

①光滑巨楯蛞蝓（冲绳·阳台）　②灰尖巴蜗牛（冲绳·阳台）
③三条蜗牛（千叶·庭院）　④日本烟管螺[2]（千叶·庭院）
⑤光泽烟管螺（千叶·庭院）　⑥褶管螺（冲绳·阳台）
⑦玛瑙侧钻螺[3]（千叶·庭院）　⑧透明巴蜗牛（千叶·庭院）

★………庭院与阳台的蜗牛图鉴

2　　学名*Stereophaedusa japonica*。（编注）
3　　学名*Paropeas achatinaceum*。（编注）

外壳直径约为35毫米。

现在我决定重新在老家的院子里找蜗牛。

我曾经和蜗牛的研究者一起在森林里找过蜗牛。那位研究者手里拿着赶海时用的小耙子，用它拨开落叶寻找蜗牛，就像是在山上赶海。看着他的身影，我不禁感觉很奇妙。

在院子里寻找蜗牛的时候，就算不用小耙子，也要有一种"赶海"的心情——蜗牛的祖先就是海里的螺类。蜗牛即使开始了陆地生活，也没有和水断绝关系。也就是说，天气晴朗的白天，蜗牛会躲在落叶和石头下面。如果你只在院子里逛，是看不到蜗牛的。

让我们在院子里"赶海"吧。

我在落叶下面发现了具有薄薄外壳的小型蜗牛，它不是三条蜗牛。透过半透明的外壳，我可以看到它的内脏（呈黄色）。这种蜗牛我小时候没有在院子里见过，它叫透明巴蜗牛，最初在鹿儿岛县的大隅半岛被发现并命名。自1991年起，千叶县南部也发现了这种蜗牛，它大约是随着什么东西一起从九州被运到这里并实现了定居。就像栖息在阳台上的光滑巨楯蛞蝓一样，有些蜗牛会被人从原本的栖息地带走，转移到新的地方栖息。

我还从倒在院子里的木头下面发现了烟管螺科的中型烟管螺和光泽烟管螺。它们都有着烟管螺科特有的细长外壳，但要比阳台的褶管螺大很多。这个院子我从小就很熟悉，但在"赶海"之前，我从没注意到还有这样的蜗牛栖息在这里。

我告诉蜗牛专家，自己在老家发现了中型烟管螺和光泽烟管螺，专家评价道："你家的院子很有森林气息"。前面也说过，我老家的院子确实很像树林。蜗牛专家看到蜗牛，就知道院子是什么环境。反过来说，院子的环境不同，能找到的蜗牛也不同。

另外，我还在老家的院子里发现了像烟管螺一样具有细长外壳的蜗牛，不过它是钻头螺科的。钻头螺科的蜗牛，总体上要比烟管螺小得多，而且两者还有另一项很重要的差别：钻头螺的外壳都是右旋的，而烟管螺全都是左旋。栖息在我老家院子里的是壳长11毫米左右的外来物种，叫作玛瑙侧钻螺。

寻找小蜗牛

我高中毕业上大学后离开了老家。读大学的时候，我寄宿在千叶市的住宅区，但完全不记得那里有什么蜗牛了。大学毕业以后，我在埼玉的饭能市开始了理科老师的生活。从饭能去池袋，乘坐西武线的急行列车需要50多分钟。饭能位于关东平原的尽头，周围是低矮的丘陵，并且向后延伸出山地。我住的二手房位于由田地改造而来的住宅区，旁边就是杂木林，距离车站步行大约20分钟。那所房子也有个很小的半阴院子。我曾观察过那里的蜗牛。

蜗牛通常移动能力很差，所以我们能见到的种类不仅受环境影响，也受地域影响。不管是千叶的老家，还是我在埼玉住过的地方，都是建在郊外的房子，那么发现的蜗牛会有不同吗？

在院子里观察蜗牛时，需要注意一点：虽然可以通过"赶海"找出隐藏的蜗牛，但蜗牛还有许多很难被发现的小型种类。如果不知道有些蜗牛非常小，就不会注意到那些蜗牛。所以在调查院子里的蜗牛时，需要考虑到有些蜗牛只有几毫米，并且带着这样的认识仔细观察院子。此外，小型种的壳可能会被风吹到外廊柱子下面堆积起来，所以这类地方也需要留心观察。

最终，我在饭能的院子里发现了八种蜗牛。

最大的蜗牛，和我在千叶老家发现的一样，都是三条蜗牛。除此之外，还有灰尖巴蜗牛、同型巴蜗牛、某种薄甲蜗牛、某种恰里螺、浅圆盘螺、钻头螺、细锥蜗牛[4]。我很惊讶，原来很小很小的院子里居然也能发现这么多种类的蜗牛。

我觉得最有趣的是找到了浅圆盘螺。这种蜗牛的外壳直径约为4.5毫米，略带光泽，壳的表面有好几条微微隆起的线条，叫作生长线。浅圆盘螺虽然体形

4　　学名*Allopeas pyrgula*。（编注）

很小，但整个形状却让人联想到菊石。

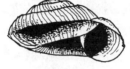

★………浅圆盘螺（直径 5.5mm）

书里说浅圆盘螺是北方系蜗牛。实际上，我在北海道的朋友送给我的蘑菇里就发现了浅圆盘螺。既然能混在蘑菇里，可见它的确是北海道非常常见的蜗牛。但我没想到在埼玉的院子里也能找到它。前面说过，蜗牛的移动能力很差，而这种外壳直径仅有4.5毫米的小型蜗牛，分布范围居然能从俄罗斯、北海道一直到关东（一般认为分布范围的西侧终点是鸟取县拟宝珠山的山顶）。它们到底如何分布在这样广阔的地区？而且不知道什么原因，连南方的八丈岛上都有浅圆盘螺。

不同的院子里，能看到的蜗牛也各有差异。你要不要也在院子里"赶海"，找找蜗牛呢？

蛞蝓是什么动物？

在院子里找到的也许不只是蜗牛，可能还有蛞蝓。听学生们聊天，我发现有学生认为蜗牛脱了壳就变成了蛞蝓，好像他们把蛞蝓当成寄居蟹了（也就是说，他们可能还认为蛞蝓钻进壳里就变成了蜗牛）。

蛞蝓和蜗牛一样，都是生活在陆地上的软体动物。可以说，在陆地上生活的软体动物，有贝壳的就是蜗牛，贝壳退化的就是蛞蝓。我在家周围经常能看到瓦伦西亚徘徊蛞蝓，仔细观察就会发现，它的背部有一个凸起（叫作"背盾"），里面隐藏着退化的盘状贝壳的痕迹。

蛞蝓也有许多种类。有一种名叫双线蛞蝓，和瓦伦西亚徘徊蛞蝓不同，壳已经完全退化，没有留下任何痕迹。双线蛞蝓和瓦伦西亚徘徊蛞蝓虽然都是蛞蝓，所属的科并不相同。双线蛞蝓属嗜黏液蛞蝓科，瓦伦西亚徘徊蛞蝓属蛞蝓科。

生物的形态与"历史"和"生活"有关。

实际上，蜗牛的许多类群中都有独立发生蛞蝓化的物种，它们的总称就是蛞蝓。

换句话说，蛞蝓是一种适应"生活"的形态。因此，具有不同"历史"的蜗牛，也就是不同类群的蜗牛，都有可能各自发生蛞蝓化。

比如说，冲绳有一种蛞蝓叫作马氏鳖甲蜗牛。它是薄甲蜗牛科中外壳退化的种类。也就是说，双线蛞蝓和瓦伦西亚徘徊蛞蝓，是由完全不同的蜗牛蛞蝓化之后的物种（其中还有一些与其他蛞蝓类完全不同的蛞蝓，比如分布在西日本以南的疣蛞蝓、能在琉球群岛看到的外来物种高突足襞蛞蝓等）。

换句话说，即使是"历史"不同的物种，也会为了适应"生活"而展现出相似的形态。在蛞蝓身上，便可以看到这种收敛现象的例子。

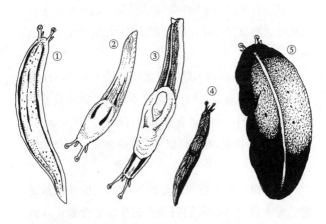

①双线蛞蝓　②瓦伦西亚徘徊蛞蝓　③马氏鳖甲蜗牛
④网纹野蛞蝓　⑤高突足襞蛞蝓

★………庭院里的蛞蝓图鉴

蜗牛造壳需要能量，也需要钙来做外壳的材料。壳会对行动产生制约，不方便蜗牛进入狭小的地方，但如果没有外壳，它就很难抵抗干燥和天敌，因而需要在其他方面多下功夫。蛞蝓是将这两者放在天平上权衡，最终向舍弃外壳的方向进化的物种，这种现象在不同物种中反复出现过许多次。

院子里的蛞蝓来自哪里？

院子里的蛞蝓包括双线蛞蝓和瓦伦西亚徘徊蛞蝓，前者是本土物种，后者是外来物种（原产于欧洲）。

蛞蝓有许多外来物种。有人认为，近年来本土双线蛞蝓的数量，正在瓦伦西亚徘徊蛞蝓的影响下日益减少。

此外，《原色日本陆产贝类图鉴》中对黄蛞蝓这种外来物种记载道："分布在日本全境，数量显著增加。"然而现在我们完全看不到黄蛞蝓。有人认为，这是因为20世纪60年代以来，瓦伦西亚徘徊蛞蝓替代了黄蛞蝓。

还有报告称，近年来原产欧洲的大型种大灰蛞蝓已经入侵日本。人们很关注它今后是否会扩大分布。随着时代变迁，院子里能看到的蛞蝓会随之发生变化。

院子里种植着树木。虫子会从野外聚集到这些树上。另外，鸟类来啄食树木果实的时候，落下的粪便也会长出这里原本没有的植物。从这个意义上说，院子和院子周围的树林等自然度更高的环境紧密连接在

表14 庭院里的蛞蝓检索表

体表无凸起,但有粗糙感 → **高突足襞蛞蝓**

体表无凸起,光滑

↳ 背部无隆起 → **双线蛞蝓**

↳ 背部有隆起

   ↳ 全身黑色 → **网纹野蛞蝓**

   ↳ 全身非黑色

      ↳ 有斑点 → **大灰蛞蝓**

      ↳ 没有斑点

         ↳ 头部以下隆起,有2条纵线。隆起部位在身体中央之前 → **瓦伦西亚徘徊蛞蝓**

         ↳ 无纵线,隆起部位超过身体中央 → **马氏鳖甲蜗牛**

一起。另一方面,院子又是人类创造出的自然环境,所以院子也与人为环境相匹配。尤其对于外来物种而言,它们会随着人的移动而扩大分布,因而院子也是适合外来物种栖息的环境。蛞蝓物种的演变就是这样的例子。换句话说,院子也可以说是自然与人为相拮抗的场所。

当然,不同的主人会有不同的院子。有的院子更接近自然,有的院子更接近人为。

你家的院子里又有什么样的蜗牛和蛞蝓呢?

《原色日本陆产贝类图鉴》(东正雄著,保育社)关于蜗牛物种的识别最为详细,但现在很难买到。因此在这里,我想推荐更容易入手的、以精美图片介绍蜗牛的图鉴《蜗牛手册》(西浩孝、武田晋一著,文一综合出版)。

4.西瓜虫

西瓜虫是什么虫?

在平时的课堂和研讨会上,我见到的大学生都是为将来成为小学老师而参与小学教师培养课程的学生。尽管也有理科课程,但大部分学生都讨厌虫子,或至少对虫子没有什么兴趣,于是我开设了去野外观察和收集虫子的课程,以便他们将来可以通过虫子和孩子们交流。这样的课程包含每年在大学校园里举办的捕虫大会。赛场虽然限定在大学校园,但也能出乎意料地找到各种虫子。学生们被分成四组,在校园里寻找20分钟,基本上可以找到20～30种虫子。

捕虫大会开始之前,都会强调以昆虫为对象,但总会有人问"蜗牛算不算?""蚯蚓算不算?"。日语中"虫子"所指的范围很广,而"蜗牛"和"蚯蚓"的汉字也都有虫字旁,说明古时候它们都被归为虫类。而昆虫是指节肢动物中身体分为头、胸、腹三部分的动物(而且很多种类都有翅膀)。它们从共同的祖先分化而来,因而形态上具有共同的特征(基于"历史"而产生的特征)。但是,即使这样强调,大家最后也会捕捉到不是昆虫的虫子。有一年学生还抓来了西瓜虫,不过我并没有对那组学生失望,反而非常高兴，因为那是我第一次在大学校园里看到西瓜虫。

你一定在想，不管是大学校园还是家里的院子，西瓜虫应该无处不在吧？然而这样的"常识"并不是到处通用的。

先简单解释一下什么是西瓜虫。西瓜虫和昆虫一样，都是节肢动物。但和昆虫不同的是，西瓜虫属于甲壳类动物。再说详细点，它是甲壳类等足目潮虫亚目的动物。

说到甲壳类的代表，自然是螃蟹和虾，也就是说，甲壳类基本上都生活在水里。正如海里的贝类进入陆地后变成了蜗牛一样，甲壳类中的动物进入陆地后变成了西瓜虫。有些和西瓜虫同属于等足目的动物，依然生活在水里。垂钓者在钓海鱼的时候，也许见过有些鱼的嘴里长着形态像西瓜虫的寄生虫，那是缩头水虱科的动物。一些生活在水里的等足目动物逐渐产生了适应陆地生活的物种，我们在海岸的岩石上看到的海蟑螂（海岸水虱）就是其中之一。不过，海蟑螂虽然能在陆地生活，但不能完全离开大海。

目前全世界已知的潮虫亚目物种数量，包括西瓜虫在内，总计超过3600种。最广为人知的除了能把身体卷成球状的西瓜虫，还有外观与西瓜虫相似但不能蜷缩成球的鼠妇。

　　　　　　　　　　　　　　　　Chapter 04 家里与院子

西瓜虫的外来物种和本地物种

院子里到底栖息着什么样的西瓜虫呢？抱着这样的好奇，我去东京时，趁机拜访了本书编辑K老师的家（神奈川县横滨市户冢区的住宅区），在他家的院子里寻找西瓜虫。结果，我发现了三种等足类动物，分别是球鼠妇、粗糙鼠妇和多霜腊鼠妇。

西瓜虫有许多种类。最常见的就是"西瓜虫"这个名字的正主球鼠妇。球鼠妇其实是外来物种，原产于地中海沿岸，明治以后才来到日本。正如蚯蚓有本地物种和外来物种一样，西瓜虫不仅有外来的球鼠妇，也有本地的卷壳虫。全日本分布的球鼠妇都是同一物种，但不同地区的卷壳虫种类不同。因为卷壳虫的种名很难确认，所以本书把它们统称为卷壳虫[5]。

根据一项在横滨国立大学校园内调查球鼠妇与卷壳虫栖息情况的研究，球鼠妇多见于人工种植的灌木丛，卷壳虫则在原生的常绿阔叶林中更为多见。卷壳虫喜欢落叶较厚、湿气充足的地方。而球鼠妇即便在陆生等足类动物中也是最耐干燥的种类，因而可以栖息在城市庭院和人工植被等处。球鼠妇和卷壳虫看起

5　中国一般将球鼠妇归在卷壳虫科（*Armadillidae*），但日本将球鼠妇独立成科，称为球鼠妇科（*Armadilldiidae*），参见：栗田あとり，原田洋，都市域におけるオカダンゴムシ科とコシビロダンゴムシ科の分布特性，生態環境研究，2011，18卷，1号，p.1-9。

来非常相似，但身体最后尾的体节形态却不一样。球鼠妇是三角形的，卷壳虫则是中央凹陷的，像砝码一样。

蜗牛和蛞蝓中经常能看到外来物种，而西瓜虫也很容易随着园艺植物一同进入日本。在日本乡村里常见的陆生等足类动物中，毛潮虫、粗糙鼠妇、光滑鼠妇、巨型鼠妇[6]、多霜腊鼠妇、方鼻卷壳虫、寻常球鼠妇都是外来物种，等足类对人为影响的反应比蜗牛更明显。

我偶然间读到一篇关于夏威夷陆生等足类动物的论文。文中说，夏威夷有自己固有的陆生等足类动物，不过基本上和日本一样，同时，那里也有毛潮虫、粗糙鼠妇、光滑鼠妇、巨型鼠妇、多霜腊鼠妇、寻常球鼠妇这些外来物种。由此可见，这些陆生等足类动物在世界的分布有多广。

冲绳的西瓜虫分布情况

等足类动物在世界各地的广泛分布有一些很有意思的特点。在我大学的校园里，无论我翻多少石头，也找不到粗糙鼠妇和寻常球鼠妇。冲绳发现了总计11种卷壳虫，但不知道为什么，几乎没有全国普遍分布

6　学名*Porcellio dilatatus*。（编注）

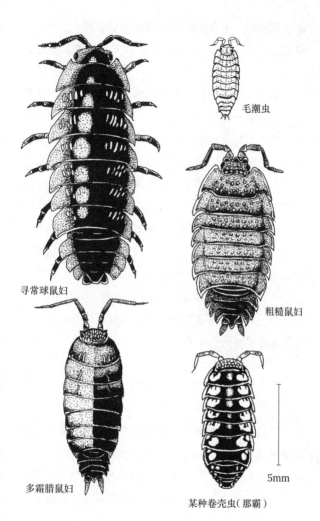

毛潮虫

寻常球鼠妇

粗糙鼠妇

多霜腊鼠妇

某种卷壳虫(那霸)

5mm

★⋯⋯⋯**西瓜虫图鉴**

的寻常球鼠妇。有一篇论文调查了寻常球鼠妇在冲绳岛的生存状况，发现1980年到1999年都未见寻常球鼠妇，2000年的调查虽然有所发现，但也只是在那霸港口附近的一处。不过，我在冲绳县北部的大坝附近发现过寻常球鼠妇，也在次子上学的幼儿园院子里确认了栖息于此的寻常球鼠妇，冲绳县其实有多处寻常球鼠妇的栖息场所，它们可能是随着来自某地的货物行李混进来的吧。

自从发现冲绳岛几乎找不到寻常球鼠妇，我每次去奄美大岛和德之岛的时候都会特别留意这种生物，结果都轻而易举地找到了。在奄美大岛有两处：一处在靠近机场的路边，另一处在古仁屋南部乡村的院子里。不过因为没有做过全岛的调查，我不知道寻常球鼠妇到底有多常见。而在德之岛，我在一个名叫龟德的小镇路边发现了寻常球鼠妇，但在机场附近的民宅周围，尽管我查看了落叶堆，也没有找到它。我注意到德之岛到处都有多霜腊鼠妇（我在冲绳岛也没有看到过多霜腊鼠妇），可见，琉球群岛的各个岛屿上寻常球鼠妇的生存状况不尽相同。

顺便说一句，正如前面提到的，在学校的捕虫大会上，学生们在大学校园里找到了西瓜虫。它是哪种西瓜虫呢？我检查了最后一节体节的形状，虽然不知道具体的种名，但可以确定是卷壳虫。可见，在冲绳，即使是城市环境，卷壳虫也取代了寻常球鼠妇。

为什么冲绳岛几乎看不到寻常球鼠妇？反过来说，为什么在城市里也能看到卷壳虫？这些谜团依然没有解开。

表15 庭院里的等足类动物检索表

身体能卷成球
 ↳最后尾的体节为三角形 → **寻常球鼠妇**
 ↳最后尾的体节为砝码形 → **卷壳虫类**
身体不能卷成球
 ↳体形小（3～4毫米），全体泛白 → **毛潮虫**
 ↳体形中等（约12毫米）
   ↳体表泛白，有扑粉感 → **多霜腊鼠妇**
身体形大（15毫米以上）
 ↳体表光滑，有大型个体（20毫米），分布于西日本至南日本一带 → **光滑鼠妇**
 ↳体表粗糙
   ↳最普通种（但九州、冲绳除外）→ **粗糙鼠妇**
   ↳比鼠妇粗，仅分布在关东地区 → **巨型鼠妇**
   ※还有其他的本土鼠妇

如果你也对身边的陆生等足类动物感兴趣，想知道它们的名字、更多地了解它们，我推荐《西瓜虫之书》（奥山风太郎、美之吉著，DU BOOKS）。这本图鉴介绍了能在身边看到的各种陆生等足类动物，非常通俗易懂。

要怀疑那些看似"理所当然"的事，首先要知道对自己来说哪些事情是"理所当然"的。能在自己的家里、阳台上、院子里看到的自然，正是位于自己身边的、"理所当然"的自然。所以最重要的是先熟悉身边的自然。

熟悉之后，将它与其他地方的自然做对比，就会发现身边的自然其实并不是"理所当然"的。于是，事情顿时变得有趣起来。到底哪些才是"理所当然"的，哪些又不是"理所当然"的？那些并不"理所当然"的事情，又是为什么不"理所当然"呢？

发现问题，正是自然观察的关键所在。

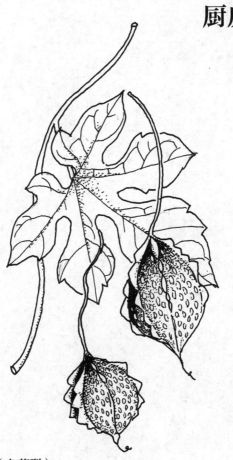

Chapter
05
厨房

苦瓜（杂草型）

1 . 水 果

观察柿子

我们探索了各种身边的自然，从路边到公园，从家里到院子。到目前为止，你是否对自然观察有了一些印象，或者产生了一些兴趣？在本章中，我想以厨房的自然观察为主题，展示"在这样的地方也能做自然观察"的应用案例。

让我们再一次回顾这句话：自然就在我们身边，只是我们平时没有注意而已。

食材原本是生物，换句话说，在厨房我们可以遇见蔬菜、水果等各种生物，这里正是进行自然观察的理想场所。就连认为"各种杂草都可以统称为草"的中学生，也知道蔬菜和水果的名字，它们正是我们身边最熟悉的植物。

让我们拿起平时看惯的水果和蔬菜仔细观察一番，看看有没有我们平时一直视而不见，认为是"理所当然"的地方？

水果有许多种类。作为示例，让我们拿一个柿子放在手上观察吧。柿子有着橙色的果皮，非常光滑，果实的一端有个名为"柿蒂"的部分，柿蒂的中央还有连接树枝的痕迹。尽管近年来无核柿子的品种越来越多，但其实柿子里面是有种子的。

那么，我们平时所说的水果，到底是什么？

水果是植物的果实。果实是什么？是植物开花之后形成的、里面含有种子的东西。植物也有"历史"。植物的祖先是在海里生活的藻类。那时候植物不会开花，也没有种子。后来植物来到陆地，忍受干旱存活下来，发展出繁衍后代的机制。在水里生活的时候，受精借助水来完成，但在陆地上，这显然行不通，所以植物发展出能让精子在空中移动的机制，也就是通常说的花粉，又发展出能让雌蕊接收花粉的机制——花朵就是这样产生的。同时，为了能够在陆地上繁衍后代，开花的植物产生了种子，用植物学的术语说，果实是由花朵中名为子房的部分发育而来的。

让我们回来看看柿子。

柿子上面有柿蒂，从这里能看出它是花开之后形成的东西。柿蒂是从花萼演变而来的，能在种子还没成熟的时候起到保护种子的作用。未成熟的柿子颜

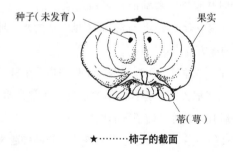

★………柿子的截面

色发青，很涩，这是在告知大家"还不能吃"，"放进嘴里可不好吃"，引起涩味的成分是单宁。而柿子的果实，也就是大家通常吃的部分，是子房膨大后的产物。

柿子只有秋天才出现在店里，但苹果一年到头都在，为什么不以苹果为例来介绍果实呢？那是因为苹果的形成远比柿子复杂多了。

苹果花的痕迹

现在让我们拿起一个苹果。苹果原先也是花，应该会留有某些花的痕迹，让我们来找看看。苹果的一端有一根小枝，而相反的一端有个肚脐眼一样的凹坑。仔细观察这个凹坑，会发现它纵向分成两半，而且凹坑呈漏斗状，指向苹果的中心，中间还有五片小小的凸起，内侧有小小的黑线头般的东西。这五片小小的凸起其实就是花萼的痕迹，黑色线头般的东西是雌蕊和雄蕊的痕迹，这就是苹果上的花的痕迹。

通过对比柿子和苹果，我们会发现很有趣的地方：两者的花萼位置是不同的。柿子的萼长在连接枝条的位置，果实也从这里膨胀，而苹果则是从枝条上直接结果，花萼残留在果实顶端。

为什么会有这样的不同？原因在于结出果实之前的花的结构。如果子房位于花萼与花瓣的根部上面，果实就会像柿子一样在蒂的上面生长，用植物学术语来说，像柿子这样的花叫作上位子房的花；如果子房位于花瓣根部下面，就会像苹果一样，在果实的顶端留下萼的痕迹，这样的花称为下位子房的花。

　　萼的根部叫花托。苹果花的花托在生长过程中会包裹住雌蕊根部的子房，导致从花托上伸展出来的花萼、花瓣、雄蕊都位于子房的上方。我们知道，果实是从子房发育来的，苹果的子房则被花托包在里面。而且苹果花还有个特点，就是它在长成果实的时候，不仅子房会生长，花托也会生长，所以我们平时吃苹果时，吃的都是从花托发育而来的部分。至于子房发育而来的真正的果实，其实是被我们丢掉不吃的苹果芯。

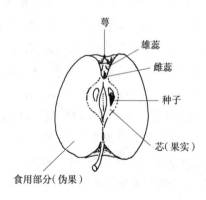

★………苹果的截面

香蕉的种子在哪里?

香蕉又是什么情况呢?我们吃香蕉的时候,是从其坚硬的根部把皮剥开,吃里面的东西。但我们要看的是与根部相反的另一头,也就是果实的顶端。香蕉果实的顶端很平坦,呈五边形。虽然在这里看不到花萼的痕迹,但其实花萼和花瓣都残留在这个五边形周围(那一圈"镶边"就是它们的痕迹)。五边形内侧的中心有个稍大的圆形痕迹,那是雌蕊的痕迹。周围还有五个更小的痕迹,它们是雄蕊的痕迹。由此可知,花萼和雄蕊的痕迹残留在果实顶端,所以香蕉的果实是从下位子房的花发育而来的。

顺便问个问题:我们都知道果实的内部含有种子,可是你们见过香蕉的种子吗?

一般认为,香蕉最早栽培于东南亚,可能是最古老的栽培植物之一。所有的栽培植物,追溯到源头都是野生植物。在野生植物的时代,香蕉的祖先是有种子的,但在栽培的过程中,人们选出了没有种子的果实。在我小时候,橘子一般都有种子,但近年来,橘子基本上没有种子了。至于香蕉,则是很早就被筛选出了没有种子的品种。如果把香蕉切成片,你会发现果实里面有黑点般的东西,那就是没能成为种子的结构,叫作胚珠。不过,香蕉偶尔还是会出现产生种子的返祖现象。我去泰国的时候,就曾在吃的香蕉里发现一颗种子。

香蕉的种子是怎么消失的？这里面有几种不同的机制发挥了作用，其中之一是不同野生植物的杂交。在冲绳的各个岛屿上很容易看到一种叫作野蕉的野生植物，它正是这种杂交起源的无种香蕉祖先的亲本之一。栽培它的目的不是为了吃它的果实，而是为了获取植物纤维。野蕉的果实外观和香蕉很像，但长度只有六七厘米，而且果实中塞满了直径4毫米左右的种子。看到它你会感慨，我们的祖先能选出没有种子的香蕉品种真的很了不起。

考虑到果实原本的功能，没有种子的水果其实是很奇怪的。然而我们平时总在吃这些奇怪的东西，却一点都没有感觉到奇怪。

你会画菠萝的花吗？

让我们再拿起另一种水果看看。这次是菠萝。

观察水果，可以回溯时间，看到花的形态。不过，你能想象出菠萝的花是什么样子吗？如果让你画出菠萝的花，你会画出什么？

我在学校的课堂上提出过这个问题。提问的对象有小学生，也有大学生，但大家都会满脸疑问，画出来的菠萝花也是各种各样的。

带着这样的问题重新观察菠萝的果实，你是不是

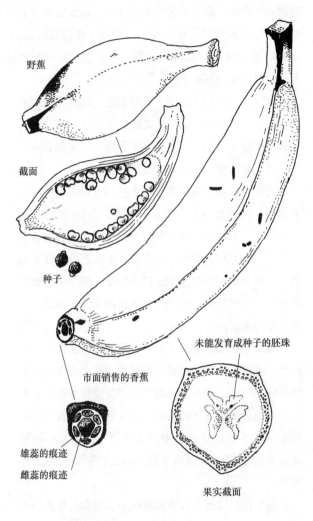

野蕉

截面

种子

市面销售的香蕉

雄蕊的痕迹

雌蕊的痕迹

未能发育成种子的胚珠

果实截面

★········香蕉截面图鉴

感到有些奇怪？菠萝的顶端长着叶子，这是最奇怪的地方。果实表面覆盖着鳞片般的硬皮，还带有凸起。让我们把它纵向切成两半看看。果实正中间有菠萝芯，但似乎找不到种子。

实际上，菠萝的果实是由一整串花（花序）形成的聚花果。正中间的菠萝芯，其实是茎（所以顶端长着叶子），茎的周围开了一圈花，等花谢了以后，果实聚合成一团，看上去就像一个果实似的。

我曾经读过一本以水果为主题的专业书籍，并对里面的一段话感到非常吃惊："菠萝的可食部分是由茎（花轴）、花瓣般结构的根部（花苞）以及花托融合而成的。"我们吃的部分，原来并不是由子房发育来的果实。那么果实在哪里呢？这么说来，那个鳞片般的部分……也就是说，我们当作皮剥掉丢弃的部分，才是菠萝的果实。

菠萝原产于南美。书上说，它的野生品种有许多种子，可见菠萝也是在栽培的过程中演变成没有种子的品种。不过，和香蕉比起来，在菠萝身上更容易看到其祖先遗留的痕迹。虽然它也受到品种和栽培过程的影响，不过只要我们平时多加留意，偶尔还是能在菠萝的果实中找到种子的。那么，菠萝的种子在哪里？

刚才我们说过，菠萝真正的果实其实在被扔掉的菠萝皮上，所以你在下次吃菠萝的时候，请仔细看看

菠萝的种子和新芽　　　　　　　　菠萝的花

★⋯⋯⋯菠萝的花、种子和新芽

那个被扔掉的菠萝皮，可能会发现皮上嵌有长度约为
3.5毫米的小种子。实际上，我从超市买的菲律宾产
菠萝上找到了六颗种子。我还试着把这些种子种在花
盆里，其中有两颗发了芽，不过不知道这些芽到底需
要多久才会开花结果。

　　总之，平时我们吃的水果，也可以成为观察的素
材。接下来，我们再来看看蔬菜。

2．为什么有人讨厌蔬菜？

观察超市里的蔬菜

我喜欢做饭，所以从大学回家的路上，经常会先去一趟超市再回家。我特别喜欢超市里的蔬菜区，看到当季的蔬菜就会很开心。蔬菜里也有所谓的"果菜"，它们和水果一样，都是植物的果实。那么，蔬菜中也有上位子房和下位子房的果实吗？西红柿和茄子都有蒂。它们有连接茎的柄和蒂，而且果实长在蒂的上面，所以它们和柿子一样，都是上位子房的果实。那么黄瓜呢？黄瓜没有蒂，至于其他结构，光看外表认不出来。那么和黄瓜同一科的西葫芦呢？在西葫芦果实的顶端，可以看到某些遗留的痕迹，其实黄瓜和西葫芦都是下位子房的果实。

我们平时吃蔬菜，有的吃果实，有的吃叶子或根。所以我把蔬菜区销售的蔬菜种类记了下来，按科做了分类（见下页表16）。

在我做记录的这天，超市一共陈列了20个科的植物。从上面的列表中可以看到，蔬菜中种类最多的依次是十字花科、菊科、茄科、伞形科、唇形科、石蒜科、葫芦科的植物。

表16 在超市的蔬菜区找到的植物（1月19日）

科	种类
十字花科	花椰菜、西蓝花、水菜、小松菜、青菜、萝卜、白萝卜、红萝卜、油菜、芥菜、卷心菜、白菜
菊科	生菜、莴苣、油麦菜、食用菊、茼蒿、小苦荬、艾草、牛蒡、蜂斗菜、红凤菜
茄科	红辣椒、西红柿、马铃薯、青椒、彩椒、茄子
伞形科	西芹、意大利香芹、欧芹、胡萝卜、鸭儿芹
唇形科	欧鼠尾草、牛至、罗勒、紫苏
石蒜科	葱、楼子葱、大蒜、韭菜、洋葱
葫芦科	丝瓜、南瓜、西葫芦、冬瓜、黄瓜、苦瓜
豆科	菜豆、豌豆
姜科	生姜、蘘荷
禾本科	竹笋、玉米
其他	红薯（旋花科）、莲藕（莲科）、芋头（天南星科）、水蓼（蓼科）、食用土当归（五加科）、日本薯蓣（薯蓣科）、番木瓜（番木瓜科）、荚果蕨（球子蕨科）、蕨菜（碗蕨科）

为什么讨厌蔬菜?

站在超市的蔬菜区,我在想今天买什么回去。我伸出手想拿袋装的青椒,但心里有个声音在说:等一下等一下,孩子不喜欢吃青椒……买回家烧成菜没人吃,那也太可惜了。我只好选了萝卜、卷心菜、黄瓜这些我家孩子愿吃的蔬菜,放进购物篮里。

大概有许多人都和我家的孩子一样不喜欢蔬菜吧。我有个朋友就非常讨厌蔬菜。世界上有那么多蔬菜,他却直到最近才开始吃一点生菜。那位朋友是这么解释自己为什么讨厌蔬菜的:

"黄瓜有毒。"

"卷心菜有股药味儿。"

"胡萝卜是兔子吃的。"

"西红柿是人类的失败作品。"

真是一点都不客气。一开始我都是笑着听他解释,不过后来慢慢觉得他说的有几分道理。正如我一开始说的,我对蔬菜之所以有兴趣,是因为我认为蔬菜是大家最熟悉的植物,可以作为观察对象。而植物说到底也是生物,当然不愿意被人吃掉。

植物和动物不同,不能移动。所以为了保护自己,一般会选择物理性防御或者化学性防御。这一点我们在前面讲述瓢虫与植物的关系时已经解释过了。

放眼窗外,通常我们会看到绿树。然而我们之所以能看到绿树，是因为树木这种生物采用了物理性防御的手段。比方说，树干由纤维素或木质素这些难以分解的碳水化合物构成，而进行光合作用的叶子通常也很坚硬，动物很难下咽。正因如此，我们才能看到绿色的树木。如果树木不采取任何防御措施，那么很快就会变得光秃秃，甚至被吃得渣都不剩。

有些植物以草的形态生活，它们选择了更为简单的防御方法来保护自己，那就是化学性防御。和树叶相比，大部分草的叶子都很柔软，易于咀嚼，但那只是外表而已。草的叶子当中含有各种各样的防御物质（至于究竟是什么物质，不同的植物会有不同的成分）。

所以，讨厌蔬菜的朋友，其实是对植物所具有的防御物质很敏感。而我也从这位朋友身上认识到，蔬菜并不想被我们吃掉。由此可见，我们对蔬菜的看法也需要改变。

我们以为的"理所当然"，未必是真的"理所当然"。

在做自然观察的时候，这种视角的转换非常重要。

黄瓜有毒？

"黄瓜有毒"，实际上是因为黄瓜所属的葫芦科植物含有葫芦素这种苦味成分，它具有一定的毒性。江户时代的本草书中，将黄瓜描述为"瓜类下品，味苦且有微毒"（《菜谱》）。著名的水户光圀更是把黄瓜评价为"毒多而无能"。不过近年来的黄瓜都是改良品种，没有苦味了。

"卷心菜有股药味儿"，也是因为卷心菜中含有特殊的成分。卷心菜所属的十字花科，含有一种名为芥子油苷的成分。萝卜的辣味也来自相同的成分，而十字花科中还有芥末这种专门为了它的辣味而栽培的植物。

但毒素也不是万能的。例如，某种物质对虫子有毒，但对人类可能没有效果。十字花科的辣味对人类来说就不是毒，但对于反刍的动物（如牛）来说，十字花科的成分是有毒的，所以在牧草图鉴中，卷心菜被归在毒草的类别里。

简而言之，不论是葫芦科的"苦味"、十字花科的"辣味"，还是伞形科的"臭味"，它们都是与防御有关的化学物质所表现出来的特征。伞形科的某些植物，还因其含有的化学物质而常常被人当作药草来使用（唇形科也有这样的防御手段，当然同样也能被当作药草）。不过，有些人可能讨厌这样的气味，对其难以下咽，香菜等植物就是很好的例子。胡萝卜也有独特的气味，它含有的成分对人类无害，但书上说对老鼠有害。伞形科中也有毒芹和毒参之类的植物，含有对人类致命的毒性成分。

能用一个词来形容其他蔬菜的特征吗？

石蒜科的特征是"臭"和"辣"。因为蒜类植物含有各种硫醚，不同的人对这种气味和辣味的喜好程度各不相同，不过蒜类植物所含的成分对人类无害。

菊科的特征是"苦"。像蜂斗菜等植物的苦味也是其独特的味道之一。菊科的苦味对人类无毒，所以正如第一章介绍的那样，可以放心地用它做天妇罗。另外，天妇罗做好以后，苦味基本上就消失了。

茄科的植物"很危险"。因为有些含有多种生物碱，对人类有毒。很多人都知道，即便是可以食用的马铃薯，它的芽也含有有毒的龙葵素成分，所以烹饪的时候必须把它挖掉。另外烟草含有毒成分尼古丁，不过这种成分反被人类利用。总之，在用野草做菜的时候，最好避开茄科的植物。

菜粉蝶的特殊性

虫子对这些成分的差异很敏感。"苦""辣"之类的特征，原本就是作为防御手段发展出来的，这很自然。反过来说，如果有昆虫能够克服某种植物所特有的"苦""辣"特征，那么该昆虫就能独占这种植物。因此，每种植物都会催生以该植物为食的针对性昆虫。

说到吃卷心菜的昆虫，当然是菜粉蝶。听到菜粉蝶吃卷心菜，大家应该不会惊讶吧。卷心菜是十字花科的植物，这就是说，菜粉蝶其实是一种特殊的昆虫，它能吃含有芥子油苷这种有毒物质的植物。

有一种经常搭配烤牛排的蔬菜，叫作豆瓣菜。因为亲水，所以通常被种在水田里，而水田中有许多菜粉蝶飞舞。豆瓣菜的外表和卷心菜完全不同，但尝起来也有独特的辣味。豆瓣菜也是十字花科的植物，不论外观如何，菜粉蝶都清楚地知道豆瓣菜是幼虫能吃的草。

至于胡萝卜，菜粉蝶就完全不光顾。吃胡萝卜叶子的是金凤蝶的幼虫。有一次我在田边散步的时候，发现田里长的水芹叶子上有一只金凤蝶的幼虫。金凤蝶也知道胡萝卜和水芹是同一科的。

有报告称，如果给这种金凤蝶的幼虫喂食涂了芥子油苷的胡萝卜叶，幼虫会拉肚子。卷心菜是菜粉蝶的食物，但对金凤蝶却是有毒的。

我们平时吃惯的蔬菜和各种生物有着千丝万缕的联系，它们为了生存费尽了心思。

3. 考察蔬菜的 "祖先"

卷心菜和生菜有什么区别?

"我分不清卷心菜和生菜。"

我的学生有次在大学的研讨会上这样说,让我大吃一惊。其他学生也很惊讶,其中一个人说,白菜卷就是卷心菜做的,大家都笑了。

那么,卷心菜和生菜到底有什么不同呢?

卷心菜是 "辣" 的十字花科的植物。生菜是"苦" 的菊科的植物。不过因为品种改良的关系,两者的味道都已经变得非常温和了。如果单看超市里卖的样子,它们的叶子都是卷在一起的,确实有相似之处。至于两者之间的明显区别,可能很难在超市和厨房里发现。

我在大学时代才认识到卷心菜和生菜是完全不同的植物(所以我其实也不能嘲笑别人)。我原本是个很穷的学生,曾经和朋友一起擅自开垦了大学的空地。那时候,我恰好看到了被遗忘的生菜开的花,那也是我第一次看到生菜的花。它就像是小号的蒲公英花一样,我也在第一章介绍过蒲公英花的特征。生菜和蒲公英一样,花是由许多小花聚集而成的头状花序,这也是菊科植物的特征。

我不记得自己第一次看见卷心菜的花是在什么时候。卷心菜和油菜一样，都是十字花科的植物。它的花也和油菜花一样，由四枚黄色的花瓣构成（正因为这种形状，它们才被称为"十字花科"）。不过卷心菜的花瓣比油菜稍显细长，颜色也淡一些。卷心菜和生菜在超市里的样子虽然相似，但只要你看过花，就会发现它们的形态完全不同。

观察蔬菜的花

现在，再让我们重新来看看超市蔬菜区的列表吧（见第155页表16）。菊科中除了生菜，还有莴苣叶和油麦菜。油麦菜是在韩国料理中用于包裹烤肉一起吃的蔬菜，其实也是生菜的一种。油麦菜是叶子不卷的生菜。实际上，生菜的祖先叶子本来也不卷，人类吃的时候也像吃莴苣叶一样，把叶子一片片从茎上摘下来。在人类栽培的过程中，生菜逐渐分布到世界各地，并且不断被改良，诞生出形态和祖先完全不同的

1　十字花科是中文译名，对应于旧称 *Cruciferae*。随着分子系统学的发展，目前国际上已经将之改为 *Brassicaceae*，这个名称来源于模式属 *Brassica*（芥菜属），这个属包括了许多重要的农业农作物，如油菜（*Brassica napus*）、甘蓝（*Brassica oleracea*）和白菜（*Brassica rapa*）等。这个名称的变更也反映了对模式属重要性的认可，以及对科内其他属的分类地位的重新评估。

品种。叶子卷起来的生菜就是其中之一。

　　同样，卷心菜的祖先叶子也不卷，人类也是把叶子一片片从茎上摘下来吃。到今天仍与祖先形态相似的品种是羽衣甘蓝。你可能不知道羽衣甘蓝是什么植物，但应该在冬天的院子或者花坛里见过种植的叶牡丹吧。它其实就是观赏用的羽衣甘蓝（也就是卷心菜）。我在得知这件事以后，薅了几片叶牡丹的叶子，切碎了品尝。切碎的叶牡丹颜色非常漂亮，但很硬，又有点涩，味道并不好，不过有兴趣的人也不妨试一试。

　　羽衣甘蓝又诞生出许多品种，比如花茎变粗、花蕾变多的西蓝花，人类主要吃它的花蕾部分。西蓝花花蕾白化的品种是花椰菜。当然，叶子变卷的品种就是卷心菜。我们吃卷心菜的时候，最后会剩下芯，它一般会被扔掉，但也有我们专门吃它的芯（相当于茎的部分）的品种（茎的部分隆起膨胀，像芜菁一样），那就是茎蓝（大头菜）。

　　叶子卷起是卷心菜改良后的性质，但卷起的叶子会妨碍花茎的生长，所以我们不太容易看到卷心菜的花。不过由羽衣甘蓝改良而来的叶牡丹，与卷心菜原种的亲缘关系较近。它在春天会长出花茎，它的花相对来说比较容易被看到。所以到了春天，请在花坛里找找开花的叶牡丹。卷心菜、西蓝花、花椰菜开的花都和叶牡丹的花一样。

　　初春时节，不妨在家庭菜园或者郊外的田地里观

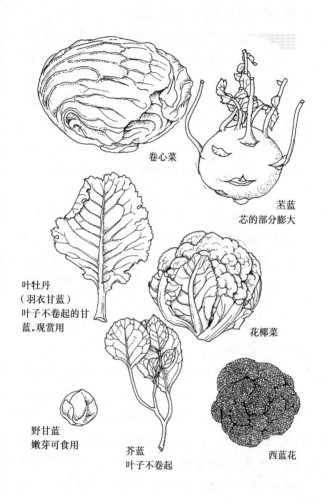

卷心菜

莴蓝
芯的部分膨大

叶牡丹
（羽衣甘蓝）
叶子不卷起的甘
蓝。观赏用

花椰菜

野甘蓝
嫩芽可食用

芥蓝
叶子不卷起

西蓝花

★⋯⋯⋯卷心菜及其变种图鉴

察蔬菜的花朵。学过书本上的知识，再亲眼看到真实的花，你就可以真切意识到哪些植物真的是一类，哪些植物仅仅是外表相似。

哪些蔬菜具有同样的祖先?

如上所述，有些蔬菜虽然有着同样的祖先，但由于品种改良的缘故，形态发生了很大的变化。油菜、白菜、水菜、小松菜都有同样的祖先。第155页表16中列出了各种蔬菜的名字，但其实那里面夹杂着"种类不同"和"种类相同而品种不同"的情况。

以十字花科为例，表17总结了物种与品种的差异关系。

表17 十字花科的蔬菜（限于表16的范围）

	种类
十字花科	卷心菜（西蓝花、花椰菜） 萝卜（白萝卜、红萝卜） 油菜（白菜、水菜、小松菜、青菜） 芥菜 ※括号内是品种

从表中看，占据了大半柜台的十字花科蔬菜虽然看起来有许多品种，但如果追溯它们的祖先，只剩下四种。

不过，尽管形态在人为干预下改变了很多，但

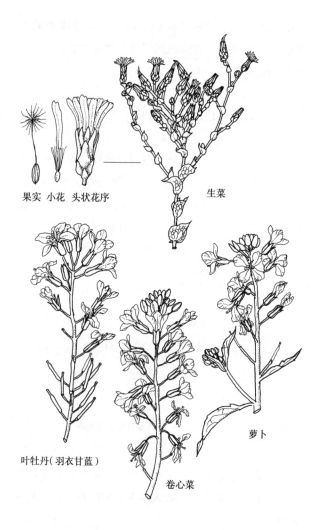

果实 小花 头状花序

生菜

叶牡丹（羽衣甘蓝）

卷心菜

萝卜

★………蔬菜的花图鉴

花依然是从祖先那里继承下来的样子。所以只要看到花，就能清楚地发现生菜和卷心菜是完全不同的植物。

在超市观察蔬菜的那一天，恰巧蔬菜区里没有芜菁。芜菁粗看很像萝卜，虽然大部分学生都能分清楚卷心菜和生菜，但不少人都认为芜菁和萝卜是同一类。萝卜当中也有圆圆的、根部并不细长的品种，更容易被混淆。但是，芜菁并不是萝卜，它和油菜、白菜一样，是同一植物的不同品种。这一点，同样只要看它的花就清楚了。虽然萝卜和芜菁都有四枚花瓣，但芜菁和油菜开的都是黄色的花，而萝卜开的是白色的花。

哪些蔬菜是日本原产的？

"在你们认识的蔬菜中，哪些是日本原产的蔬菜？"

上课的时候，我问过学生这样的问题。有哪些是本来生长在日本山野中的野生植物，后来在人类的栽培下变成农作物的呢？

"萝卜？"这是学生经常给出的回答。萝卜确实是日本料理中不可缺少的植物，是极为日式的蔬菜。但金字塔的壁画显示，早在公元前2000年前，埃及已经在吃萝卜了。实际上，萝卜是地中海沿岸及西南亚至东南亚的某些地区由野生萝卜培养出来的,再经中国传入了日本。

"葱?""小松菜?"学生给出各种各样的回答,但都不是正确答案。实际上,日本原产的农作物很少很少。鸭儿芹、山葵、明日叶……这些才是日本原产的农作物。在第155页表16中,艾草、蜂斗菜、小苦荬(生长在冲绳海岸的假还阳参的栽培化品种)、荬果蕨、蕨菜(荬果蕨和蕨菜其实不算蔬菜,而算野蔬)也算是日本原产的例子。

"这些与其说是蔬菜,不如说是香草。"

学生们这样评价道。确实如此。我们今天常吃的蔬菜——萝卜、卷心菜、胡萝卜、马铃薯,都是外国产的。这是为什么呢?

说起来,到底什么是蔬菜?

当我问学生"说说你们知道的蔬菜名字"时,肯定有人问蔬菜和水果的区别是什么。到底什么是蔬菜,其实并没有一个科学的定义,不同国家的定义都不一样。在日本,蔬菜是指为了食用而栽培的草。

回到前面的问题,在日本,为食用目的而栽培的原生草类为什么这么少?我想,这可能是因为日本一直处在森林茂密的自然环境之中。日本列岛气候温暖,降雨量大,正适合植物生长。在这样的环境下,森林自然繁盛。也就是说,树木在这样的地方更具优势。森林里也有草类生长,但在昏暗森林生长的草,大都是持续生长的多年生草。然而我们在田里看到的农作物基本上都是一年生草。所以能看到一年生草的环境，都是森林不繁茂的环境。比如说，雨季旱季分明的干旱地带，更适合在旱季到来时留下种子而枯萎，在雨季到来时一齐发芽的生长方式。

再让我们来看看数量很少的日本原产农作物，它的野生状态下生活在什么样的地方。

海岸：小苦荬（假还阳参）、明日叶、无翅猪毛菜
水边：山葵、莼菜

这样看来，确实是难以在森林繁盛的环境中生长的植物成了蔬菜的祖先。

蜂斗菜和艾草又是什么情况呢？在原生的自然环境中，森林可能会因为某种原因遭受破坏，蜂斗菜和艾草便在这些被破坏的土地上迅速生长。比如泥石流或者雪崩形成的开阔区域，在被森林重新占领之前，给这些草留下了生长的机会。河床等处常常出现河水泛滥，森林难以生长，因而它能成为草类的生长地。一般认为，以这种方式生长的植物之一就是大豆的祖先。

尝尝大豆的祖先

为了对农作物进行自然观察，我趁着早春时节在大学的田地里播种了大豆。我种的是下大豆，它是靠近宫古岛的池间岛自古以来栽培的大豆本土品种。我之所以想在田里种它，是因为它能向我们展示一段农作物诞生的历史。

当我拜访池间岛，看到收获的下大豆时，不禁对那么小的豆粒感到吃惊。我测量过市面上销售的大豆，直径8毫米，一粒的平均重量为0.33克。然而下大豆的直径只有6.5毫米左右，一粒的平均重量只有0.09克。

所有的农作物，包括大豆在内，原本都是野生植物。

大豆的祖先是野大豆，除了河边，也出现在稻田旁。不过，将野大豆栽培改良成大豆的，不是日本，而是中国。

野大豆的豆荚和里面的种子都与大豆相似，但大豆的种子通常呈淡黄色，而野大豆的种子基本上都是黑色的。由此可见，大豆的品种之一黑豆（正月里用它做煮豆），姑且不说大小，至少在颜色上更接近祖先的形态。前面介绍过，下大豆的种子要比一般大豆的种子小很多，而野大豆的种子更小，直径4毫米，一粒的重量只有0.02克。下大豆的大小，在野

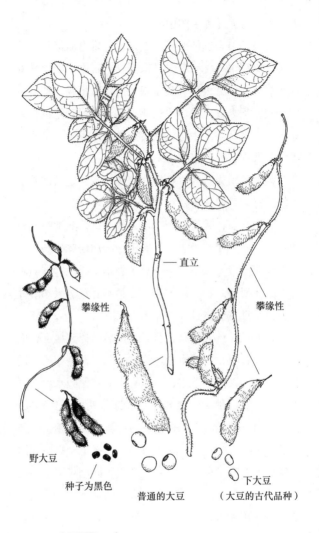

直立

攀缘性

攀缘性

野大豆

种子为黑色

普通的大豆

下大豆
（大豆的古代品种）

★⋯⋯⋯大豆图鉴

大豆和一般大豆种子的中间。

每当季节合适的时候，超市里经常有新鲜的毛豆出售（它是未成熟的大豆），可以看到它直立的茎上长着许多豆荚，但野大豆其实是很长的攀缘植物。那么下大豆呢？下大豆也是攀缘植物，从这点说，它也比大豆更接近野大豆。中国古代传来的栽培大豆，可能也类似下大豆这种形态吧。

大豆的祖先野大豆可以食用吗？我决定试试看能不能用野大豆做豆腐。

尝试之后，我得到一个惊人的发现。我把野大豆的豆子用水泡了一晚上，本想第二天用研钵研磨，结果发现完全没办法下手——豆子根本不吸水，依旧硬得没办法研磨。我恍然大悟，这种不能轻易吸水的性质，正是野生植物必备的条件。

野大豆在秋天结果。豆子成熟后会掉到地上，但如果随即吸收秋雨的水分轻易发芽的话，新芽熬不过寒冷的冬天，活不下来，所以它不能随便吸水，需要先度过冬天，然后再吸水，将发芽时期推迟到春天。另一方面，栽培的大豆，播种时会被人为干预。人类需要豆子随时能吸水，这才方便，最好是一被播到田里就马上一齐发芽，所以人类选出了即刻吸水、种皮柔软的品种。在比较大豆和野大豆的豆子时，我们通常只关注颜色、大小之类的差异，但其实吸水性也有很大的差异。

田 N

最终，泡在水里的野大豆完全不吸水，我只好用咖啡机强行把它磨成粉，加水搅拌，做成豆浆以后再加入卤水。从结果看来，野大豆也能做成豆腐，只不过颜色是灰色的，还有股涩味。从前，在狩猎采集的时代，正因为有人利用野生的野大豆进行栽培，最终才催生了今天的大豆。不过那时候的人们大概没有拿野大豆做豆腐，而是用来做煎豆之类吧。

农作物与自然的关系

读到这里的读者，如果想自己收获野大豆，试着做豆腐或者煎豆的话，不妨在秋天去田边、河畔采集野大豆。不过这里需要注意一点，栽培大豆的豆子成熟以后依然会留在豆荚里，所以我们可以通过估算出豆子完全成熟的时期，把整株大豆拔出来，然后剥开豆荚，收获豆子。但野大豆是野生植物，不能这样处理。野大豆的豆子一旦成熟，豆荚就会爆开，里面的豆子被弹飞，撒得到处都是。没有这种散播机制，野生状态下的大豆就无法保证物种的存续。关于野生植物与农作物之间的差异，在第一章中的粟与狗尾草的脱粒性中也能看到。一旦错过野大豆的收获期，我们就只能得到已经爆开的空豆荚。

我们把普通的大豆、下大豆、野大豆放在一起比较，就能清楚地看出，原本只被我们视为"食物"的大豆，实际上是非常适应自然生活的植物。同时，我们也能真切地感受到，正因为有人采集、利用自然状态下的野大豆，人类才会栽培野大豆，让它演化成下大豆这样的栽培植物，最终发展成现代的大豆。也就是说，我们的生活看似与自然没有关系，但归根结底还是与自然有着深厚而密切的关系。

从对超市里的水果、蔬菜的观察，到家庭菜园和厨房里的观察和实验，我们了解了农作物的栽培历史，以及野生植物和栽培植物之间的差异。

我们的身边栖息着各种各样的生物。

在观察生物时，最重要的是要意识到，不论什么生物，它都有自己的"生活"和"历史"。在观察它们的时候，也要注意生物彼此之间的关系。

此外，身边的生物也和我们人类的生活息息相关。进一步观察就会发现，我们人类自身也一直生活在各种生物的关系之中。

所以，自然观察，在某种意义上也与人类观察有关。

在下一章中，我们将在目前的基础上更进一步，看看人和自然之间有着怎样的关系。

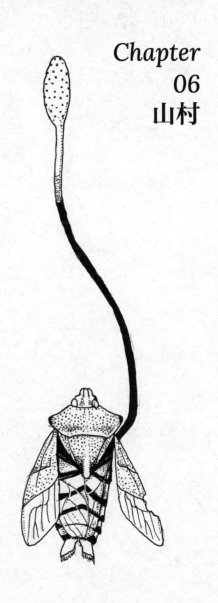

Chapter
06
山村

下垂线虫草

1. 家蚕与桑田

山村中的独角仙

让我们走远一点，出城去郊外看看吧。那里的"山村"有以稻田和菜地为中心的农业，以及随之形成的自然环境。

本章将介绍山村的自然观察。山村的自然与人类有着密切的关系。不管是虫子还是蘑菇等动植物，都体现出人与自然的关系。我想通过观察各种各样的生物，探索人与自然的密切联系。

山村的杂木林周围，由春到夏，总有无数虫子出没，最具代表性的就是孩子们特别喜欢的独角仙和锹甲。

当人类开始农耕生活，随着农耕技术的发展，栽培农作物越来越需要各种管理，比如播种、除草、施肥，等等。在没有化学肥料的年代，家畜和人类的粪便，还有青草、枯叶等，都是重要的肥料。人们会将枯叶和家畜的粪便混合，经过一段时间的发酵，制成堆肥。而独角仙的幼虫便以这样的堆肥为食，潜在里面生长。也就是说，独角仙其实很好地适应了人类的农耕史。此外，提供枯叶的杂木林，也是人为创造出来的树林。构成杂木林的麻栎、枹栎容易分泌树液，这也为独角仙和锹甲的成虫提供了营养。尽管这些绝不是人类本来的目的，但还是使得山村成为许多生物栖息的场所。

家蚕与桑田的历史

在山村，常常可以看到桑田。田里的桑树经过多次修剪，变得低矮、粗壮，形成很特殊的树形。更准确地说，从前很多地方都有桑田，因为曾经盛行养蚕。

我想肯定有人上小学的时候养过家蚕。家蚕是完全由人类饲养的昆虫，在野外无法生存。顺便说一句，卷心菜这种栽培植物也是一样。如果没有人类的栽培，它们无法延续后代。农作物中有许多改良的植物品种都是这样，无法在野外生长。至于昆虫，目前全世界已知的种类超过100万种，但只有家蚕在人类的饲养下变成了无法在野外生存的品种。这样看来，家蚕这种昆虫，可以说极其特殊。

有过养蚕经验的人应该都知道，家蚕的成虫是纯白色的，在野外非常醒目，很容易成为天敌的猎物。它的成虫虽然有翅膀，但不能飞，幼虫的足也很无力，无法抓住树枝。

现在让我们复习一下。所有的农作物，追溯到源头都是野草。同样的，由人类改良而成的家蚕，它的祖先应该也是野生的昆虫。

在中国2500～2000年前的遗迹中发现了一种野生蚕的蚕茧，并且一头已经被去掉了。看起来像是被用作食物的痕迹。直到今天，长野县和韩国也有食用蚕蛹的习惯，可能人们最早把野生的蚕当成食物，后来才把取出蛹后剩下的蚕茧用于某些用途，接着又发现可以从蚕茧中抽出丝来使用。可以推测，在对野生蚕进行饲养、筛选、改良的过程中，诞生了今天的家蚕。

而在日本，《日本书纪》中出现过这样的神话故事——蚕茧混杂在五谷之中，从保食神的尸体中诞生。家蚕很早就从中国传到了日本。此外我想很多人都在日本历史的课堂上学过，从明治时代到"二战"之前，养蚕都是日本的重要产业之一。

从卵中孵化出来的家蚕幼虫，经过四次蜕皮，结茧化蛹。正如菜粉蝶专吃卷心菜一样，家蚕也只以桑叶为食。据说，1000只化蛹前的五龄蚕，能够吃掉18公斤桑叶。在养蚕地区，为了保证如此大量的桑叶，需要开辟专门的桑田。

寻找家蚕的祖先

时至今日，养蚕作为产业已经完全过时了，不过依然有一些田地保留着经过修剪的灌木型桑树。在一些荒废的桑田中，由于不需要再做家蚕的食物，桑树都长得很高，田里也长满了杂草。也许过一段时间再去走访那些桑田，里面的桑树会被砍伐殆尽，彻底消失。

现在，让我们去看看那些历史悠久的桑田吧（进入私人田地时，需要获得允许）。桑田里种植着桑树，可以让我们了解到一些不为人知的生物。

桑树是落叶树。到了晚秋时节，桑树的叶子就会彻底掉光。我们就来看看废弃的桑田里长满的未被修剪的高大桑树，当然也可以寻找被砍伐后剩下的桑树。在这些桑树的身上可以看到，虽然叶子几乎掉光了，但还有一些枯叶挂在枝头，随风摇摆。为什么那些枯叶没有从枝条上落下来呢？仔细察看那些枯叶的内侧，有没有发现它隐藏着白色的茧？如果找到了茧，那你应该还会发现，茧上有丝线延伸出来，把枯叶的根部固定在枝条上。

这种茧有两层结构。外层是由虫子吐出的丝构成的白色薄袋，里面还有一个长度约2.5厘米的黄色纺锤形茧。这是野桑蚕的茧。这种野桑蚕，正是家蚕的祖先。养蚕所用的家蚕，是中国从这种野桑蚕改良而来的。前面还说过，一般认为，日本的家蚕也是由中国传来的。由野桑蚕改良的家蚕，结出的茧不再具有两层结构，而且呈纯白色，大小也将近4厘米，比野桑蚕的茧大许多。

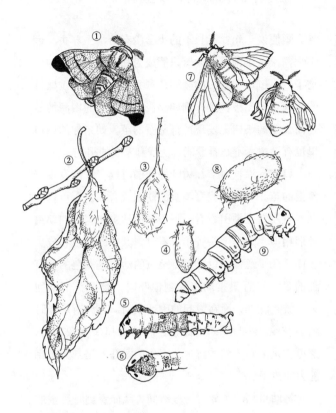

①野桑蚕成虫　②附于桑树枝条上的野桑蚕茧
③野桑蚕的茧　④野桑蚕的内侧茧
⑤野桑蚕幼虫　⑥胸部鼓起的野桑蚕幼虫（俯视图）
⑦家蚕成虫　⑧家蚕的茧　⑨家蚕幼虫

★………家蚕与野桑蚕图鉴

在冬季的树林里寻找茧

顺便说一句，我长子的小学没有给学生养蚕。近年来，家蚕这种昆虫大概只能成为在课本上看到的生物了。不过由于桑田的废弃，野桑蚕反而比养蚕盛行的年代更容易被找到。例如，我曾在东京的填海地梦之岛公园的桑树上发现过野桑蚕的茧。如果你的城市里也有桑树，不妨看看能不能找到家蚕的祖先。

只有在深秋时节，树叶掉光的时候，才能发现野桑蚕的茧。如果想找野桑蚕的幼虫或者成虫，可以在九月份左右去桑田看看。野桑蚕的幼虫和家蚕的幼虫外形相似，只是个头较小。不过，家蚕的幼虫和成虫一样，几乎通体白色，但野桑蚕的幼虫是褐色的。有趣的是，当野桑蚕幼虫受到惊吓时，会把头部缩回去，鼓起胸部，而在鼓起的胸部表面，有一对形如眼睛的花纹（眼状纹），因而整个胸部看起来就像是头。这可能是阻吓天敌的行为。野生的蚕并不是毫无防御能力的虫子。

将幼虫结的茧放置一段时间，就能看到野桑蚕的成虫从茧里羽化而出的样子（茧由蛋白质构成，羽化的成虫会分泌碱性液体，将茧溶解出一个口，从里面爬出来）。野桑蚕的成虫是褐色的，与蚕的成虫颜色不同，而且能够飞行。从它的形态中，可以窥见人与生物之间的关系的漫长历史，就像我们在粟与狗尾草的关系、大豆与野大豆的关系中所看到的那样。在桑树的昆虫身上，我们可以回想数千年来人与虫的关系。

秋季的山村中，除了蚕茧，还能看到其他各种各样的茧。如果有栗树林，不妨仔细看看枝条。如果在栗树的枝条上看到网状的茧，那就是银杏大蚕蛾的茧。银杏大蚕蛾不像家蚕和野桑蚕，它吃很多种树叶。朴树、梅树、银杏树上都有可能发现它的茧。不同地域的银杏大蚕蛾吃的树叶种类有所不同。在冲绳，它经常出现在楠树上。另外，人们以前会从尚未结茧的银杏大蚕蛾幼虫体内抽取天蚕丝。

在杂木林的麻栎、枹栎等壳斗科的树（有时也包括锥树）上，还能看到淡黄色的大型茧，那是日本栎蚕蛾的茧。日本栎蚕蛾虽然不像家蚕那样经过品种改良，但人们也会饲养它的幼虫，从茧中抽丝。另外，和日本栎蚕蛾一样，在麻栎和枹栎上，还有可能看到绿色的、形状独特的透目大蚕蛾的茧。在杂木林的苦树、庭院里的夏橙上结茧的是樗蚕。要分辨这些能在山村看到的茧，我推荐指南书《茧手册》（三田村敏正著，文一综合出版）。

看着这些缤纷多彩的茧，想到这些结茧的虫子中只有野桑蚕变身成家蚕，我越发感觉神奇。

①日本栎蚕蛾(锥树)　②透目大蚕蛾(梅树)
③银杏大蚕蛾(梅树)　④樗蚕(日本夏橙)

★………茧的图鉴

2. 杂木林的橡子

今天的杂木林

现在，让我们把目光转向田地后面的树林。

杂木林可以说是山村典型的特征。以前人们会定期砍伐山林，将木材做成薪柴木炭，所以杂木林里都是容易从树桩上长出新枝的树种，树龄都很年轻。落叶也会被人收集起来做肥料，所以树林里的光线也很通透。但从20世纪60年代的燃料革命以后，薪柴木炭的利用大大减少，杂木林被视为没有利用价值的场所而遭废弃。与此同时，人们也在有计划地将杂木林改造成种植林（不过随着进口木材的增加，种植林也处于缺乏养护的半废弃状态）。即便如此，杂木林中依然残留着往日的风貌。在关东地区，杂木林的主角是麻栎、枹栎这些壳斗科的树。而在关西地区，林间还夹杂栓皮栎、槲栎。所有这些树结的果子，都是一般所说的"橡子"。另外除了这些树，同为壳斗科的栗树，在杂木林中也很常见。

在山村，结橡子的树是理所当然的存在。不仅如此，城市里的公园、校园、寺庙等地方，结橡子的树也不少见。

但是，"理所当然"也只是相对而言的。

冲绳岛中南部，几乎没有结橡子的树。所以在我的学生当中，来自冲绳岛中南部的学生们，没有捡橡子的经验。

"哪里能捡到橡子？"

"橡子不是到处都是吗？"

对于出生在冲绳岛中南部的人来说，捡不到橡子才是正常的，所以他们会有这样的发言，甚至还有学生说，"小时候我以为松果是橡子"。

日本本土的山村一般都有结橡子的树。在山村形成前，关东地区以西覆盖着常绿阔叶树组成的原生林，而这种树林的主角也是结橡子的树。所以说，橡子对于一般人来说都是很常见的。

为什么结橡子的树在树林里这么普遍呢？

看起来原因似乎在于结橡子的树擅长与各种生物发生联系。

橡子是什么？

实际上，关于什么是橡子的问题，就像定义杂草一样，每个人都有自己的答案。对我而言，橡子就是"壳斗科中的栎属与柯属植物结的果实"（见第188页表18）。

这两个属的果实，具有这样的共同特点：圆圆的果实上面都套着碗状的"帽子"（叫作"壳斗"）。而同

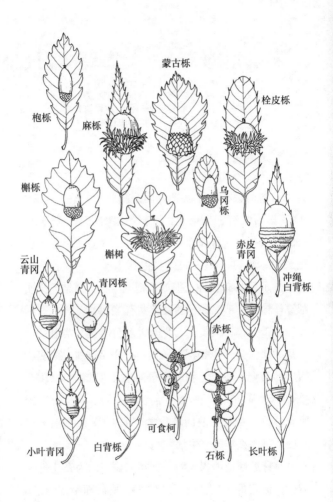

蒙古栎

栓皮栎

枹栎

麻栎

槲栎

乌冈栎

槲树

云山
青冈

青冈栎

赤皮
青冈

冲绳
白背栎

赤栎

小叶青冈

白背栎

可食柯

石栎

长叶栎

★⋯⋯⋯橡子图鉴

表18 结橡子的树

属	种类
栎属	枹栎、麻栎、栓皮栎、槲栎、槲树、蒙古栎、乌冈栎、青冈栎、小叶青冈、白背栎、冲绳白背栎、长叶栎、赤栎、云山青冈、赤皮青冈
柯属	可食柯、石栎

为壳斗科的栗树的果实，外面是刺球（与壳斗的来源相同），里面装有三个果实。锥树的果实也是一样，很小的时候就被壳斗整个包在里面了。不过，有些人会把栗树、锥树、榉树的果实也算作橡子。按我的定义，橡子一共有17种，但如果把壳斗科的树结的果实都算作橡子，那么橡子的种类共有22种。

顺带一提，人们通常把壳斗科分成三个类群：一个是榉属，另一个是栎属，最后一个是锥属、栗属和柯属的集合。所以，我对橡子的定义（"壳斗科中的栎属与柯属植物结的果实"）并没有包含具有同样"历史"的所有植物，橡子反映的其实是"生活"。那么橡子到底反映了什么样的"生活"呢？

你见过榉树的果实吗？榉树和橡子同为壳斗科的植物，但它的果实比橡子小得多，横截面呈三角形。一般认为，这种三角形的果实，是壳斗科的祖先型。栗树的果实比橡子大很多，但果实的横截面也不是完全的球形，同样残留了三角形的痕迹。然而橡子的果实横截面却是完整的圆形。所以说，壳斗科的果实，最完美的形状就是"橡子型"。而柯属与栎属的果实虽然都是"橡子型"，但演化成这个形状的"历史"是不同的。

果实的横截面为什么会是圆形呢（麻栎的果实更是整个变成了球形）？因为球体能以最小的表面积实现最大的容积。换句话说，壳斗科的果实之所以变成球状，或者说变成橡子，是为了用同样的面积装下更多的东西，由此增加对动物的吸引力。

接下来，我们再看看橡子成为森林主角的一个重要原因，也就是它与散播种子的动物之间的关系。

松鼠讨厌橡子？

众所周知，橡子是由动物散播的。动物为了过冬会储存食物，客观上产生了散播橡子的结果。那么到底是谁在运橡子呢？

我曾在给孩子们上课的时候问："哪种动物喜欢橡子？"大家异口同声地回答说："松鼠！"

运橡子的是松鼠。多年来人们一直这么认为。至今也有很多人保持着这样的印象。然而近年来的实际观察发现，松鼠似乎并不是橡子的散播者。

实际上，松鼠讨厌橡子。我们所认为的"理所当然"，实际上和事实完全相反。

松鼠为什么讨厌橡子？

因为大部分橡子含有单宁。吃单宁的时候会感觉涩嘴，而且它很容易和蛋白质结合。也就是说，如果不小心吃下单宁，它就会和体内的蛋白质结合，一起被排出体外。吃橡子本来是为了摄取营养，结果体内的营养反而被抢走了。

橡子太重，无法随风飞翔，遇到水也会沉下去，所以只能依靠动物散播种子。但是，假如果实太"美味"，动物就会只顾着吃，不会帮忙散播。所以果实中混入单宁，让自己的味道变得"适中"，大概就是这样的过程。

实际上，在野外散播橡子的是大林姬鼠、日本小姬鼠等鼠类动物。这些鼠类动物的体内具有令单宁失活的功能，因而可以食用橡子。有趣的是，与栎属具有不同"历史"的柯属植物（石栎、可食柯），它们的橡子没有涩味，可以直接吃。然而它们的橡子的壳（相当于其他植物的果实部分）要比栎属更厚。一般认为，这是针对鼠类动物的、用来取代单宁的机制，让啮齿类"难以食用"。不过，实际的研究发现，储藏的橡子被老鼠吃掉的比例比预想的更多，橡子发芽的机会非常少。

有趣的是，在对壳斗科植物化石的研究中发现，壳斗科原本也有通过风传播种子的种类。但现在的壳斗科（全世界的栎属植物有300种，柯属植物300种，其余的不止100种）全都通过动物传播。由此看来，动物传播确实是比风力传播更为有效的方法。

壳斗科之外的植物，也有果实橡子化的例子，由此也能看到动物传播的有效性。果实经常用于制作糕点的欧榛，与日本产的榛树相近，欧榛和榛树的果实都和橡子很相似，但榛树不是壳斗科，而是桦木科的植物（大部分桦木科的植物采用风力传播的方式）。

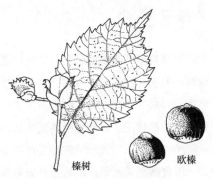

榛树　　　　　欧榛

★⋯⋯⋯榛树与欧榛

胡桃也是与壳斗科完全不同的植物，它属于胡桃科，但果实也和橡子与榛子一样，适合动物传播。胡桃的果实中不含单宁，所以很受松鼠的喜欢。另外，野生的胡桃外壳很坚硬，只有松鼠和大林姬鼠才能咬开食用。

通过食用方式可以区分这两种动物。松鼠的身体更大，它能用牙齿咬住胡桃外壳的缝隙，将外壳完整地剥成两半，吃里面的部分。走在杂木林中的小道上，你如果看到被分成两半的胡桃壳，那很可能是松鼠吃过的，不妨仔细看看上面有没有啃咬的印记。大林姬鼠则是在外壳的两头开孔，吃里面的部分。如果胡桃树附近有大石头或者倒下的树木，可以看看石头的缝隙或者倒树的下面。运气好的话，能看到许多有洞的胡桃，那样的地方被称作"胡桃坟"。

试吃橡子

橡子的种种特征，都是在种种与动物的互动中诞生的。现在让我们用自己的手和口，亲身感受一下这些特征吧。

可食柯之类的橡子，只要煮熟就能吃了。但如果是含有大量单宁的橡子，就必须先把单宁除掉才能吃。今天，可食柯是关东地区的城市公园里常见的树木，它原本的生长地区在九州南部到冲绳一带。课本上说，绳文时代的人们会食用橡子，那么其他地区的人到底怎样食用这种涩嘴的橡子？

无论是杂木林里见到的枹栎的橡子，还是其他植物的苦涩橡子，加工方法都是一样的：首先用锤子敲击外壳，敲出裂缝，然后剥掉外壳，用刀把里面的部分切碎（里面有虫子的话要先去掉），并在研钵中磨成粉（当然也可以用搅拌机），把这种粉装进碗里，倒上水，水就会变成褐色。这是因为单宁可以溶于水。等待一会儿，当粉沉淀到底部时，倒掉上层的水，再倒入新的水。这样处理三天（每天换三到四次水），当水变透明的时候，粉就不涩嘴了。将这种粉晒干，可以加入砂糖、黄油，做成饼干，也可以和鸡蛋等食材混合做成炸饼。另外，换水的次数随着橡子中的单宁含量变化。根据我的实践，冲绳产的冲绳白背栎，果实号称是日本最大的橡子，里面含有的单宁量也最多，需要一周的换水时间。

难得吃一次橡子，不妨也和狗尾草一样，记录一下自己用了多长时间，采集了多少橡子，橡子的可食用部分又占多大的比例。我想那一定很有趣。

这里介绍一下我和学生们一起捡橡子、做料理的记录，以供参考。比如青冈栎的橡子，在橡子中属于较小的品种，宫崎等地区会去掉它的涩味后食用。测算下来，青冈栎的橡子平均一粒重1.5克。两名学生用了大约1个小时，将172克（约115粒）橡子剥去外壳、磨成粉。粉重128克，可食用部分的比例为74%。我们用了4天时间，给这种青冈栎的粉换了大约10次水，把它做成蛋糕食用。

而小叶青冈的橡子，平均一粒重2克。两个人用了1个小时处理201克橡子（约100粒），得到162克粉，可食用部分的比例为80%。作为参考，我们同样加工了石栎的橡子（虽然在关东的山村看不到石栎），由于它的外壳很厚，可食用部分只有50%（不过石栎基本上没有涩味）。

另外，如果你想确认橡子的名字，我推荐《橡子图鉴·田野版》（伊藤福男著，蜻蜓出版）。

3．野鼠观察

观察野鼠

你有没有机会亲眼看到动物搬运橡子呢?

前面说过,橡子的搬运工是野鼠。观察野鼠需要在晚上,不过只要稍微花点心思,这其实非常简单。野鼠是夜行性动物,白天在山里看不到它的身影,然而杂木林周边生活着非常多的野鼠,只不过观察野鼠不能只带塑料袋,接下来我给大家介绍一下观察所需的工具和步骤。

观察野鼠时最重要的是场所的选择。

首先,我们趁白天去有高低起伏的丘陵地带,在杂木林里走一走。在林中小路的路边,寻找具有低低的土垒,并且背后有树林的地方。因为需要在夜晚观察,所以方便的话,我们应尽量找一个距离停车地不太远的地点。另外,观察地点如果距离民宅太近,我们可能会被当作不法分子,也可能惹家养的狗吠叫,而且如果在观察时路上有行人,野鼠也会躲起来,所以最好选择夜晚没有人经过的地方(远足路线之类的地方比较合适,不要选择生活道路)。不过这样的地方可能会有安全问题,所以尽量两个人结伴外出观察。

现在让我们来看看路边的土垒,最好是土地裸露的地方，不要选择长满野草的地方。如果土垒上露出了树根，而且树根旁边有洞，那很可能就是野鼠活动的痕迹。一旦找到那样的地方，就在洞口周围撒一些宠物店里买的带壳的葵花籽。第一天这样就可以了。然后最少等一个晚上（但不要等的天数太长），再去那边看一看。如果葵花籽只剩下壳，就说明被野鼠吃掉了。这样一来，你发现的洞就可以用作观察场所。

观察野鼠需要几项工具。如果是秋季，夜晚很冷，需要保暖用品。此外，观察野鼠需要在太阳落山后的一两个小时里进行，而深秋时节太阳落山的时间比较早，日落后的时间段比较适合观察，只是要注意保暖。顺便说一句，我查阅了自己在埼玉县的观察记录，发现在十二月间能在下午5点左右观察到野鼠出来活动。

接下来，在正式观察的时候，也需要准备好葵花籽和橡子来引诱野鼠。另外，在观察野鼠的时候，绝对不能有声音。观察野鼠需要耐心等待，所以不妨准备一张折叠椅。

此外在观察的时候，还需要蒙着红纸的电灯，这是因为野鼠不太在意红光。我在观察的时候，把便携式荧光灯支在三脚架上，蒙上红纸，将它放在洞口附近，并把椅子放在正对洞口稍远的地方进行观察。当然，这些准备工作都需要在太阳落山之前趁着野鼠还没活动的时候完成。然后我们在洞口撒下葵花籽或者橡子之类的食物，就可以等待了。

观察野鼠的技巧

我在埼玉县的杂木林中观察过大林姬鼠。关于大林姬鼠，原都留文科大学教授、动物学家今泉吉晴先生在他的著作中介绍了非常有趣的方法，即姬鼠箱（Apodemus Box）观察法。观察野鼠，可以采用我之前所写的方法，但它有个缺点，就是观察时绝对不能发出声音，因此每次进行观察的只能有一到两个人。今泉先生设计的姬鼠箱，就克服了这个缺点，不过相应地，它也需要更多的准备工作。

这种方法同样也要选择背后有杂木林的土垒。不同之处在于，它要在土垒上建造观察小屋，并且在观察小屋正对土垒的墙上开一个洞，用管道把土垒和小屋连接在一起。然后在亚克力水槽上开一个洞，将管道连接小屋的一头接到这个水槽的洞上，再把食物放入水槽。大林姬鼠平时生活在杂木林的林地中，它们会把连接建筑的管道当作土垒中的隧道一样使用。换句话说，老鼠以为自己在野外，但已不知不觉地被引到室内设置的水槽里了。这种情况下，即使有些声音，观察人数多一些，老鼠也会在水槽里展现自己吃东西的模样。

不过，远足路线上不方便乱建观察小屋。所以我想，能不能把这种姬鼠箱纳入野外观察中。

我决定首先尝试无人值守的情况。我准备了一个大大的塑料容器（用来存放食物），尺寸的标准是能让大林姬鼠在里面吃东西，它相当于简易的姬鼠箱。容器上还需要开口，以便老鼠进出。于是我烧红铁丝，在容器侧面开出一个圆形的孔。然后我把向日葵的种子、可食柯的橡子、胡桃装进这个容器，把容器放到确认过有大林姬鼠出入的地方，过一晚再去看。结果如何呢？容器里剩下的是被剥开的向日葵种子，里面还有老鼠粪。看来它是在这个容器里吃葵花籽的。

然而，可食柯的橡子全都被拿走了。大概是被运到别处吃了，或者被储存起来了，但胡桃完全没有被动过的痕迹。总之，大林姬鼠会钻进这个容器，还会在里面吃东西，我便下一步再做改进。我想坐在椅子上观察老鼠在容器里吃东西。老鼠钻进容器里吃东西，应该比在洞口前吃东西更安心吧？

一般用来装食品的塑料容器，侧面的透明度不够高，不容易观察。所以我去了家居中心，找了一个更大的、透明度更高的塑料收纳箱，然后同样在箱子上开了一个供老鼠出入的孔。不过，这次我还在盖子上也开了个孔，在这个孔上面放了一个蒙了红色玻璃纸的头灯，以便能够更清晰地观察老鼠在容器里的活动。所以我特意选了盖子结实的箱子，使它不至于被头灯的重量压弯。

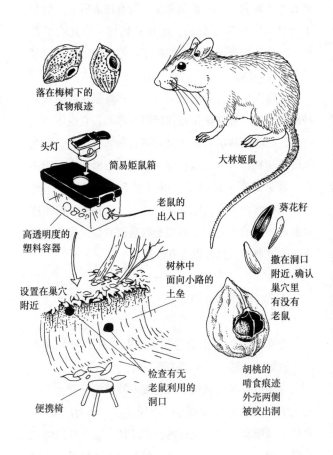

落在梅树下的
食物痕迹

头灯

简易姬鼠箱

大林姬鼠

老鼠的
出入口

高透明度的
塑料容器

葵花籽

撒在洞口
附近,确认
巢穴里
有没有
老鼠

设置在巢穴
附近

树林中
面向小路的
土垒

检查有无
老鼠利用的
洞口

胡桃的
啃食痕迹
外壳两侧
被咬出洞

便携椅

★·········**野鼠观察图鉴**

Chapter 06 山村

这个简易型姬鼠箱的使用结果如何呢？从洞里出来的大林姬鼠，一开始很谨慎，没有钻进容器，但过了一会儿它就爬了进去，让我看到它一会儿吃葵花籽，一会儿把橡子运出去的样子。不过这一次我也没看到它吃胡桃。

今泉先生的文章里也写道，大林姬鼠在吃向日葵种子的时候，即使姬鼠箱周围有些声音，它也不会太在意，但吃胡桃的时候就会对声音很敏感。要吃外壳坚硬的胡桃，一方面很花时间，另一方面还会发出声音，容易遭受天敌袭击。所以在不能确保安全的地方，大林姬鼠不太会吃胡桃。那么，简易姬鼠箱还能再做进一步的改进吗？在观察野鼠的时候，像这样设计、改进观察工具，也很有乐趣。

去神社看看

走在山村中，也会遇到毗邻杂木林的神社或寺庙。遇到的时候，不妨进去看一看。

寺庙里有没有常绿的大树呢？神社中常常会有很粗大的常绿性青冈栎或小叶青冈，它们都会结橡子，此外也可能有同属壳斗科的巨大锥树。这些常绿的壳斗科大树，大部分是从山村形成前的原生自然中遗留下来的。

杂木林是人为定期砍伐开发的树林。但随着薪柴木炭的停止使用，杂木林处于放任不管的状态。因此，林中开始慢慢地出现青冈栎、小叶青冈这些常绿树的身影。这些树不耐反复砍伐，但幼苗即使在昏暗的林地里也能生长，只要不再砍伐杂木林，它们就会慢慢恢复。因此，在神社和寺庙里，我们能够看到这些由原生林遗留下来的常绿阔叶大树。除此之外，还可以看到人为种植的杉树和榉树长成参天大树的模样。

有些动物以这些大树为家，代表性的动物就是鼯鼠。鼯鼠和松鼠、老鼠一样，都是啮齿类哺乳动物。众所周知，鼯鼠的前肢和后肢之间有膜，能够在树木之间滑翔。

鼯鼠是夜行性动物，白天躲在树洞里。据说鼯鼠巢的洞口直径约9厘米，内穴长宽需30～40厘米。鼯鼠和老鼠一样，牙齿尖利，所以树洞太小的话，它可以把洞咬大。总之至少要有那么粗的树，才能给鼯鼠做巢穴。人为定期砍伐的杂木林中，没有足够粗大的树干能让鼯鼠做这么大的巢穴，所以它们会在神社寺庙里的大树上安家，滑翔到周围的杂木林中觅食。

由于鼯鼠这样的生活方式，所以仅有杂木林的环境并不能让它们安家，它们也不能正常生活。至于城市里孤立的神社寺庙，由于无法保证食物来源，也不适合它们。鼯鼠只能在毗邻杂木林的神社寺庙中出没。除此之外，它们也在残存于河流沿岸的巨型榉树上安家，有时还会在沿岸的民宅阁楼墙壁上打洞营巢。

在原生林分布广泛的时期，鼯鼠的巢穴应该到处都是。而在今天的山村，能让鼯鼠做巢的大树数量有限，因而鼯鼠似乎也面临着长期性的住房困难。之所以这么说，是因为我曾经尝试在杂木林中挂一个大型鸟巢箱（用装显微镜的木箱改造的），结果很快就有鼯鼠住了进去。

观察鼯鼠

现在让我们在毗邻杂木林的神社寺庙里观察鼯鼠吧。我们首先在地图上找到符合条件的神社寺庙，然后去现场调查，看看有没有足以让鼯鼠栖息的大树。

鼯鼠是夜行性动物，但树上有没有鼯鼠白天也看得出来。首先寻找一棵有树洞的大树，然后弯腰仔细观察树下的土地。如果地上有直径5毫米左右的球形粪便，那就是鼯鼠居住的证据。鼯鼠是食草动物，在不同的季节里，你会在地上发现啃咬过的杉树果实、榉树叶子和果实、山茶花苞、樱树冬芽，等等。此外，如果发现了可能是巢穴的树洞，不妨仔细观察它的周围，也许还会看到树皮上有鼯鼠的爪痕。这些都是鼯鼠住在这里的证据。找到证据之后，就可以在傍晚时分等候了。不过鼯鼠不光住在大树的树洞里，还

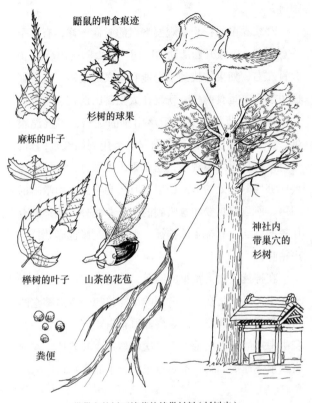

鼯鼠的啃食痕迹

杉树的球果

麻栎的叶子

榉树的叶子   山茶的花苞

粪便

神社内
带巢穴的
杉树

带巢穴的树下掉落的筑巢材料（杉树皮）

★………鼯鼠的痕迹图鉴

有可能住在神社大殿的阁楼等处，所以即使找不到有洞的大树，也可以仔细找找树下有没有粪便和进食的痕迹。

　　观察鼯鼠的行为和观察野鼠的时候一样，有几个注意事项：鼯鼠开始活动的时间，是太阳落山后的30分钟左右。如果你找到了可能有巢穴的大树，或者鼯鼠可能会来觅食的树，就赶在太阳落山前在那附近待命。深秋时节虽然有太阳落山早的优点，但气温很低，必须注意保暖。观察鼯鼠也会用到贴红纸的灯，但野鼠可以近距离观察，鼯鼠则距离很远，所以你需要能够照到远处的灯。鼯鼠有时候会发出咕噜噜噜的叫声，所以你也要注意听到的声音。此外，如果是有住持的寺庙、有神主的神社，观察的时候也需要打一声招呼。

　　在神社大树上筑巢的鼯鼠，飞出巢穴后，到底会去哪里？鼯鼠是在空中滑翔的动物，想一直追踪它的行动是相当不容易的。观察鼯鼠很有难度，但它们在空中滑翔的身影无论看多少次依然很令我着迷。在观赏鼯鼠飞翔的同时，不妨也想象一下原生林当年的景象吧。

4.寻找蘑菇

在柿子树下找蘑菇

山村中还有许许多多各种各样的生物，一本书没办法全介绍。

不过在最后，我还想再介绍一类生物：蘑菇。听到"蘑菇"这个词，你一定会想到采蘑菇，也就是说，马上就会联想到吃。但在这里，我想介绍的不是怎么吃蘑菇，而是拿蘑菇做观察的对象。

说到蘑菇，它到底是从哪里长出来的？

木头？泥土？

其实很多东西都长蘑菇。

蘑菇不像植物会进行光合作用，也不像动物那样可以四处觅食。相反，它们会生长出几乎看不见的菌丝，介入各种物质之间的营养交换。蘑菇是生态系统中的网络。

我想先介绍一种稍微有点古怪的找蘑菇方法：在柿子树下找蘑菇。

柿子树是山村常见的树木之一。以前的人们，即使碰到涩柿子也会把它加工成柿饼，或者用作柿漆的原料。但在今天，山村的柿子成熟之后，基本没有人去采摘，所以对许多生物来说，那些柿子都成了非常宝贵的食物资源。

我仔细观察的那棵柿子树位于杂木林的边缘。树下落的青涩的果子,是还没成熟的时候就被鼯鼠咬掉的。成熟的柿子掉在地上,会引来蝴蝶吸食它的汁液,平时聚集在动物粪便上的甲虫也会来吃熟透的果实。此外,貉也是食用柿子的常客,只是白天看不到它们的身影。貉会在固定的地方排便,在秋天的山村中发现的貉的粪便里,经常会有柿子的种子。

像这样,许多动物都会享用柿子的果实,种子却未必。当然,从柿子的角度说,如果连种子都被吃掉,那就麻烦了。所以柿子的种子将用于发芽的营养以葡甘露聚糖的形式储存起来。对于许多动物来说,葡甘露聚糖是无法消化的碳水化合物(魔芋中也含有葡甘露聚糖)。

不过,生物产生的物质,没有哪种是其他所有生物不能消化分解的。所以当然有能够利用葡甘露聚糖的生物,那就是真菌,也就是通常说的蘑菇。在我经常去观察的柿子树下,在合适的季节,会长出一种蘑菇,它的名字叫柿茸[1],它能分解柿子种子里含有的葡甘露聚糖。在生态系统内,所有物质都会被循环利用。柿茸再次向我们强调了这一理所当然的事实。

柿茸是从柿子的种子里长出的棒状黄色蘑菇。不

1 即珊瑚拟青霉,学名*Penicilliopsis clavariiformis*。
（编注）

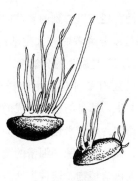

★‥‥‥‥柿茸

过，虽然柿子树很多，但这种柿茸却不是到处都能见到的。我曾经在埼玉县饭能市的山村中做过自然观察，但最终仅在一棵树下找到过它。

我做过调查，发现原因在于柿茸是一种偏南方系的蘑菇。能找到柿茸的柿子树，要比其他的柿子树早熟，所以柿子落地的时节，对于柿茸来说还十分暖和，它因而能够生长。在那棵柿子树下，整个九月都是柿茸的生长期，但一过十月就完全看不到了。不知道有没有更容易看到柿茸的地方。如果你在九月左右去山村，看到落在地上的柿子果实，不妨也找找看上面有没有长这样的蘑菇。

尝尝"吃人的蘑菇"

说到蘑菇，脑海中就会出现分解者的印象。柿茸也是这样。我们在超市里看到的香菇、金针菇、灰树花菌，确实都是以分解者的方式生活的蘑菇。但是，并不是所有的蘑菇都是腐生的分解者。

在蘑菇中，还有一种与腐生同样重要的生活方式，就是菌根共生。那是与植物形成的共生关系。进行光合作用的植物，将碳水化合物作为光合作用的产物提供给蘑菇，而蘑菇则铺开细密的菌丝，将从土壤中获得的养分提供给植物。这种生活方式的代表，就是松茸和松露。菌根共生的蘑菇，因为和活的植物形成了共生关系，所以很难被人工栽培，价格通常很高。

蘑菇还有一种生活方式是寄生。所谓寄生，就是它的字面意思。蘑菇会寄生在其他的植物和动物身上，有时候还会寄生在其他蘑菇身上。

而且，这三种生活方式的区别并不明显，常常会随着时间和情况而变化。这种变幻莫测的特点，正是菌类的特征。

有一种山村中常见的蘑菇，裂褶菌，正是这种变幻莫测的生活方式的典型。这种蘑菇不仅常见于山村，也出没于城市。它生长在枯枝或枯树上，但不像香菇那样有圆圆的伞盖，它的伞盖是半月形的，像小小的扇贝。

柿茸是专门分解柿子种子的蘑菇，而裂褶菌则长在各种树木上，到处都能见到。我在冲绳市区的上班路上也见到过。在东京的梦之岛公园，被砍伐下来的乌冈栎、刺槐、珊瑚树等木材上，还有石柯的树桩上，都长了裂褶菌。在山村，除了桑田里的枯枝，樱花树和麻栎等各种树木的枯枝上都会长，所以可以说裂褶菌是典型的木材分解者。然而裂褶菌也有寄生在人体的案例。

有一个女性病例。患者一直被神秘的咳痰困扰，后来医院对痰液做了培养才发现，咳嗽的原因是裂褶菌（也就是说，裂褶菌寄生在肺里）。不过，机会性感染一般发生在免疫力弱的人身上，所以并不是每个人都会被裂褶菌寄生。我曾在海边捡到过海龟的骨头，把它放在阳台上晾干的时候，发现它上面居然也长了裂褶菌。我在惊叹的同时，也理解了为什么裂褶菌能寄生于人体。裂褶菌不仅能在枯树上生

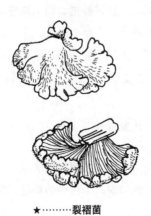

★⋯⋯⋯裂褶菌

长，还能在骨头上生长，甚至可以寄生在活的动物体上。这就是说，裂褶菌能够根据不同的情况，在寄生和腐生生活之间切换。

顺带一提，据报道，国外有食用裂褶菌的例子。一开始听说这个消息的时候，我很惊讶。这种蘑菇也能吃吗？不过后来我在波照间岛采访老爷爷，了解当年的植物利用情况时，发现波照间岛上的人也吃过裂褶菌。波照间岛是一座平坦的小岛，岛上全是石灰岩，几乎没有树林。但即使是在这样的岛上，散乱在田地角落里的木材上也会长出裂褶菌。老爷爷告诉我："我们管这种蘑菇叫鸡毛菌，没有其他东西吃的时候，就采这个吃。"

能在人体和乌龟骨头上长出来的蘑菇很厉害，不过能吃这种蘑菇的人也很厉害。听到老爷爷的话，我虽然有点害怕，但也试着把裂褶菌烧熟后尝了尝。说实话，感觉太硬了，不是很好吃。不知道是因为我没烧好，还是因为采集的裂褶菌不够嫩。我想以后有机会再试一次。怎么样，你也一起试试看吗？

寻找冬虫夏草

在腐生和寄生之间来回切换的菌类生活中，也有超出我们常识的情况。山村中的蘑菇，偶尔还有非常神奇的生活方式。

伴随着时代的发展，山村中的杉树和柏树的种植林越来越多，比杂木林更为醒目。杉树和柏树是常绿树种，种植了它们的地方，无论冬夏，地上的落叶层都很薄。和杂木林相比，人能看到的植物和昆虫种类都不多。种植林里也不太容易见到蘑菇。自从进口木材开放以后，种植林疏于养护，日渐荒废，到处都是倒伏的树木。所以种植林就成为我平时匆匆经过，不会刻意驻足的场所。

但即使是那样的种植林里，溪水周围还是有一些值得观察的地点。这是因为水边湿度高，即使是在种植林里，也能发现喜欢高湿度的特定生物（如果要做溪水边的观察，不妨把鞋子换成长靴，离开山路，直接走在溪水里）。

即使是流淌在种植林里的溪水，周围只要是斜面陡峭的地方，长的都不是杉树和柏树，而是品种繁杂的树木。溪水边也经常生长着年轻的青冈栎，它们的枝条会伸展在溪水上方。我们可以注意观察这种溪水上方的枝条，因为有时候能在上面发现冬虫夏草。

广义的"冬虫夏草"（虫草）指的是一类特殊的蘑菇，它们会缠住并杀死昆虫，把昆虫的尸体作为营养来源，供自己生长。也就是说，它们是营寄生生活的菌类。而狭义的"冬虫夏草"，特指生长在青藏高原的种类，它寄生在蝙蝠蛾的幼虫身上，自古以来就是著名的中药。不是所有的冬虫夏草都能药用，不过

★·········蜻蜓虫草

日本也发现了许多虫草。虫草是菌类，喜欢潮湿的环境，而且和其他菌类相比，它的生长尤其需要湿气，所以虫草生长的高峰期是梅雨到夏季这段降水量大的时期，而且仅限于溪水边这类场所。

虫草的生活方式是杀死昆虫后生长，所以多见于生态系统丰富的地方。也就是说，它是与原生态的自然环境相适应的生物。不过也有能在山村这种人为环境里见到的虫草。能找到这样的生物，也是在提醒我们，山村中同样栖息着原生态的自然。

蜻蜓虫草就是这样的生物，它生长在蜻蜓成虫的身上，寄主是溪水边常见的角斑黑额蜓的成虫。被蜻蜓虫草寄生的蜻蜓，被菌丝固定在树枝上，翅膀脱落，腹部体节中长出小小的蘑菇。不过蜻蜓虫草并不常见。更容易看到的虫草，是生长在蛾类身上的品种，固定在溪边的杉树树皮上。菌丝覆盖蛾子的身

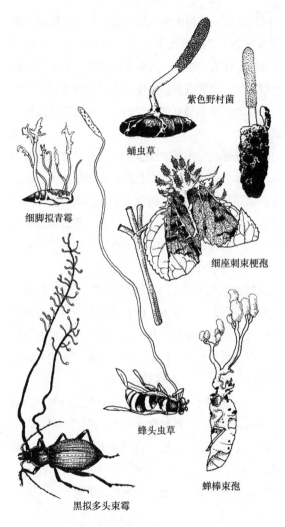

紫色野村菌

蛹虫草

细脚拟青霉

细座刺束梗孢

黑拟多头束霉

蜂头虫草

蝉棒束孢

★⋯⋯⋯山村里的虫草图鉴

体，并向四面八方伸出细长的突起。这是细座刺束梗孢的未成熟个体。等过了冬天，到第二年的初夏时节，这种突起的顶端会长出黄色的疙瘩，孢子会从里面飘散出来。蜻蜓虫草和细座刺束梗孢都是附生型的虫草，几乎一整年都有可能看到它们及其生长过程中的状态。

即使是喜欢在山村中漫步的人，也不会经常看到虫草。许多虫草都很小，生长的地点和生长方式也很特殊。但只要记住这里写的观察要点，我相信你能有所收获。虫草踪迹难觅，可一旦发现，那份喜悦也会格外强烈。同时，也可以参考《虫草手册》(盛口满著，文一综合出版)。

山村中生长虫草的地点极为有限。像这样的生物，如果不知道观察要点，就很难发现。所以说即使是经过人为改造的山村，想要找到所有生活在其中的生物，也不是一件容易的事。反过来说，采用不同的观察视角，就有可能发现新的生物。

自然就是这样的多重世界。你所见的自然，会随着你的视角变化，不断展现出新的姿态。

自然就在我们身边。只是我们平时没有注意而已。

山村的自然观察，也是很深奥的学问。

后记·身边的自然与远方的自然

身边的自然在哪里？

围绕这个问题，我们介绍了路边和城里的自然观察，还有在公园、家中、厨房的自然观察，最后又介绍了山村的自然观察。

你有没有感觉到身边这个丰富多彩的自然呢？和你原先以为的大不一样吧？

我们平时不太会注意身边的自然，因为我们总把它们当作"理所当然"的存在而无视。但是，只要时间或者地点稍有改变，那些"理所当然"就不再"理所当然"了。哪怕是城市里的自然，很多时候，不同城市中栖息的生物也不一样。我在移居冲绳之后，也比以前更为深刻地认识到这一点。本书中介绍了许多冲绳的自然观察案例，这是为了将冲绳这个不同地域作为例子，让各位读者意识到，身边的自然中那些看似"理所当然"的存在绝不普遍。如果大家能由此认识到自然观察就是重新审视那些所谓的"理所当然"，那我的目的就达到了。

本书以我自己为中心，先从最贴近身边的地方开始，然后一点点拉开距离，展示观察自然的案例，最后介绍了保留在城市郊野的山村自然。如果你能以本书为起点，进一步走向森林、山地、大海那些保留着更为"纯正的"自然之所，那将是我无上的荣幸。

例如，在海岸边寻找漂流物，就是本书中没能介绍的自然观察法。

海边会漂来各种各样的东西。说到其中的代表，当然就是贝壳。捡贝壳的时候，也可以进行各种各样的观察。而且在海边除了贝壳，还能发现很有趣的东西。例如，在黑潮冲刷的海边，可以找到遥远南方漂来的果实和种子。它们利用洋流扩散，即洋流传播。在被巨浪拍打后的海边，经常能发现这样的果实和种子。

不过这也不是说只要在巨浪过后去海边，就一定能捡到这些东西。毕竟自然不会随着人类的意志改变。

很多时候，哪怕你去了海边也没有找到任何有趣的东西，只能失望地回家，这些时间看似浪费，但随着慢慢积累，忽然有一天，你终于遇到了朝思暮想的东西……这样的情况一旦发生，会带来巨大的喜悦。

这不仅仅是在说漂流物。把自然作为观察对象，意味着很多时候并不会如你所愿，这一点希望各位铭记在心。我觉得，像这种不为意志所左右的相遇过程，其实是一种"故事"。或许，自然观察就是去编织独属于自己的故事。

正像书里反复强调的那样，本书以"身边的自然"为主要的观察对象。

既然有"身边的自然"，那说明也存在着与之相对照的"远方的自然"。

最初令我认识到自然可以被这样划分的人，是已故的摄影师星野道夫先生。"身边的自然"是我们日常接触到的自然，而"远方的自然"也许是我们一生都无法实际接触到的自然。星野先生告诉我们，这两种自然对我们来说都是不可替代的。远方的自然也许一生都不会遇到，那么它为什么不可替代呢？那是因为，哪怕仅仅知道存在着远方的自然，我们的心灵也会因此而变得丰富起来。

远方的自然是怎样的自然？你对它的纵情想象，也许会改变你对身边的自然的看法。

"学习就是遇见新的自己。"

这是夜校的学生教给我的。

这样说来，通过自然观察，也许会找到新的自己。

我想起自己上高中时的事情。

从没和女生交往过的我，一直真心以为和女生交往以后，世界真的会变成玫瑰色。

后来我终于有了期待已久的女朋友。遗憾的是，我记不得那时候的世界有没有变成玫瑰色了。但那场恋情破灭之后的一段时间里，我记得整个世界完全是灰色的。这样看来，恋爱时的世界可能真是玫瑰色的吧。

我想说的是，即使世界的存在方式没有变化，我们也会因为自身的变化看到完全不一样的世界。

实际上，自然观察也与这种看待世界的角度有关。

在《自然观察入门》这本书中，已故的大阪自然史博物馆研究员日浦勇先生在解说自然观察的场景中，用了"Terra incognita"这个词。

中世纪的时候，世界还被笼罩在未知中。人们热衷于发现 Terra incognita——未知的领域。世界上还有未曾知晓的领域，那里或许沉睡着未曾见过的宝物……被这类想法驱动的人们，真的发现了美洲大陆、澳洲大陆。

在那之后，许多年过去了。现在哪怕足不出户，也能在网上看到世界尽头的模样。但即便如此，我们也不可能看见世界上的一切。世界地图上的空白虽然都已经被填满，然而"未知领域"依然在以一种我们未曾注意到的形态存在着。例如，自然就在我们身边，但我们常常注意不到它。换一种可能稍显夸张的说法，所谓自然观察，就是将不可视的"未知领域"可视化的过程。当你这样做的时候，就会真切地感受到世界永远也看不尽。进一步说，发现自己所在的地方竟然是一块永远的"未知领域"，该是多么幸福啊。

我是这样想的。

写这本书也让我有机会重新思考身边的自然。与此同时，我也再次认识到核事故的荒谬。核事故污染了我们身边的自然，把它变成我们无法接触的东西。环境省所指定清除污染的区域足足达八县之多，随手摘一株脚下的小草都不再是"理所当然"的事。我很想知道，到底怎样做才能将它重新变得"理所当然"。

写这本书的重要契机，是筑摩新书的编辑河内卓先生问我要不要写一本自然观察的书。一说到自然观察的书，日浦勇先生的名作《自然观察入门》便闪过我的脑海，所以这让我犹豫不决。不过，想到我也有我自己的观察角度，而且也从《自然观察入门》中得到了许许多多的启发，我决定动手写写看。正如前面提到过的，星野道夫先生将自然理解为"身边的自然"和"远方的自然"，也对我产生了极大影响。无论是日浦先生还是星野先生，我都未能有机会在他们生前拜会，我想在这里向两位献上我单方面的致谢。

好了，这本书也该结束了。
但从这里出发，是你的"故事"的开始。
出门探寻独属于你的自然吧。

致谢以下书刊：

[1]《原色日本陆产贝类图鉴》，东正雄著，保育社，1982年。

[2]《橡子图鉴·田野版》，伊藤福男著，蜻蜓出版，2007年。

[3]《田野版·知了与它的伙伴图鉴》，伊藤福男著，蜻蜓出版，2014年。

[4]《日本产蚂蚁类全种图鉴》，今井弘民等著，学习研究社，2003年。

[5]《雪下的世界》，今泉吉晴著，收录于《博物入门·冬·雪上涂鸦》，新妻昭夫编，岩波新书，1989年，2—12页。

[6]《新·杂草博士入门》，岩濑彻、饭岛和子、川名兴著，全国农村教育协会，2015年。

[7]《沙拉蔬菜的植物史》，大场秀章著，新潮选书，2004年。

[8]《房州的透明巴蜗牛》，冈本正丰著，载于《散牡丹》二十三（一），1992年，13—18页。

[9]《日本的蒲公英和西洋蒲公英》，小川洁著，动物社，2001年。

[10]《西瓜虫之书》，奥山风太郎、美之吉著，DU BOOKS，2013年。

[11]《关于千叶县首次记录的夹竹桃天蛾》，尾崎烟雄、盛口满著，收录于《千叶生物志》六十（二），2011年，57—60页。

[12]《禾本科手册》，木场英久、茨木靖、胜山辉男著，文一综合出版，2011年。

[13]《城市地区的球鼠妇科与卷壳虫科的分布特性》，栗田亚鸟、原田洋著，收录于《生态环境研究》十八（一），2011年，1—9页。

[14]《虫的博物志》，小西正泰著，朝日新闻社，1993年。

[15]《什么是栽培植物？》，阪本宁男著，收录于《驯化——民族生物学研究》人类文化研究机构国立民族学博物馆报告84，山本纪夫编，2009年，7—33页。

[16]《虫的文化史》，笹川满广著，文一综合出版，1979年。

[17]《农作物中的历史》，盐谷格著，法政大学出版局，1977年。

[18]《田鼠与橡子的神秘关系》，岛田卓哉著，收录于《生态学讲座：揭开森林的神秘面纱》，日本生态学会编，文一综合出版，2008年，54—63页。

[19]《日本的归化植物》，清水健美编，平凡社，2003年。

[20]《作为六斑月瓢虫捕食对象的7种蚜虫的适应性》，杉浦清彦、

高田肇著，收录于《日本应用动物昆虫学会杂志》四十二（一），1998年，7—14页。

[21]《夹竹桃蚜在京都的生活环境及其天敌昆虫群构成》，高田肇、杉本直子著，收录于《日本应用动物昆虫学会杂志》三十八（二），1994年，91—99页。

[22]《昆虫与植物——攻防与共存的历史》，西田律夫著，收录于《从生物资源考虑的21世纪农学3：保护植物》，佐久间正幸编，京都大学出版会，2008年，83—122页。

[23]《蜗牛手册》，西浩孝、武田晋一著，文一综合出版，2015年。

[24]《瓢虫的调查方法》，日本环境动物昆虫学会编，文教出版，2009年。

[25]《生活在城市里的知了》，沼田英治、初宿成彦著，海游舍，2007年。

[26]《城市昆虫志》，长谷川仁编，思索社，1988年。

[27]《水果学》，八田洋章、大村三男编，东海大学出版会，2010年。

[28]《房屋、食品中的鞘翅目（甲虫目）形态、生态》，林长闲著，收录于《房屋害虫》13、14，1982年，24—47页。

[29]《自然观察入门》，日浦勇著，中公新书，1975年。

[30]《植物书44：水果与蔬菜观察》，牧野晚成著，新科学社，1978年。

[31]《你身边的放射性污染垃圾》，牧野敦子著，集英社新书，2017年。

[32]《日本产房屋性衣鱼目的鉴定方法》，町田龙一郎、增本三香著，收录于《房屋害虫》二十七（二），2006年，73—76页。

[33]《茧手册》，三田村敏正著，文一综合出版，2013年。

[34]《口满老师的蔬菜探险记》，盛口满著，木魂社，2009年。

[35]《口满老师的蛞蝓探险记》，盛口满著，木魂社，2010年。

[36]《口满老师的毛虫探险记》，盛口满著，木魂社，2012年。

[37]《瓢虫岛巡游》，盛口满著，地人书馆，2015年。

[38]《杂草真有趣》，盛口满著，新树社，2015年。

[39]《奇妙的杂木林》，盛口满著，山与溪谷社，2016年。

[40]《虫草手册》，盛口满、安田守著，文一综合出版，2009年。

[41]《周刊朝日百科：植物的世界》七号，森田龙义责任编辑，朝日新闻社，1994年。

[42]《橡子的战略》，森广信子著，八坂书房，2010年。

[43]《烟管螺科螺类的种类及其分布》，凑宏著，收录于《贝类学杂志》别卷一，1989年，1—28页。

[44]《毛虫手册》，安田守著，文一综合出版，2010年。

[45]《本州中部、北部的苜蓿叶象甲分布——2006年春季的调查》，山口卓宏等著，收录于《关东东山病虫害研究会报》五十四集，2007年，165—172页。

[46]《周刊朝日百科：植物的世界》八十七号，渡边定元责任编辑，朝日新闻社，1995年。

[47] Lu, T. L. A Green Foxtai (l Setaria viridis) Cultivaton Experiment in the Middle Yellow River Valley and Some Related Issues. Asian Perspectives, 41（1):1-14, 2002.

[48] Tatti, S. et al. Terrestrial Isopods from the Hawaiian Islands (Isopoda:Oniscidea). Bishop Museum Occasional Papers, 45:59-71, 1996.

小开本
轻松读轻文库

产品经理：费雅玲
视觉统筹：马仕睿 @typo_d
印制统筹：赵路江
美术编辑：杨瑞霖
版权统筹：李晓苏
营销统筹：好同学

豆瓣 / 微博 / 小红书 / 公众号
搜索「轻读文库」

mail@qingduwenku.com